Sweet Betty 西点沙龙 / 著

FIX BAKING MISTAKES

抢救烘焙失误

破解烘焙环节，学会基础工序做变化，
新手不出错的信心指南

河南科学技术出版社
·郑州·

目 录

作者序

朋友常问我："为何会爱上做甜点？"

我总狂笑着回答："因为我爱吃啊～"

事物的开端，总是因为喜爱、因为迷恋，才会有继续专精下去的动能与冲劲。

甜点之于我，是一种纾压仪式，可暂时抽离于忙碌妈妈这角色，转身沉溺于手做甜点世界的单纯思绪中，甚至泡杯好茶，静心坐下让感官悠游于甜食与餐盘搭配间的美好，恣意享受片刻的舒缓与感受味蕾间的美妙恩典。

甜点更是妈妈我与小孩间甜蜜的牵绊，下课后冲进家门的小朋友，劈头大喊的第一句总是："妈妈，你今天做什么点心，我快饿死了"，撒娇的嫩稚声还没完全飞冲进妈妈的耳里，眼睛已经瞥见小朋友急促地掀开餐桌上的玻璃罩，紧盯着盘中的点心，小小眼睛里流露出来的是深深渴望与温暖信任的眼神。

爱上在面粉、糖、鸡蛋、奶油中沉沦与精进，只为单纯给爱吃甜点的自己、挚爱的家人与朋友，一份真正天然纯粹、随着四季时序变化食材、更无多余添加矫饰的甜点，为了这个单纯的理由，于是乎便踏上这条烘焙之路（嘻）。

这路上除了嘴里吃甜外，当然也有着诸多的气馁之事，非专科之姿，一切的一切都是在一次次的手做中获得经验累积，过程中让身体记忆住手法，也渐渐开阔甜点的广度，当中有失败、有懊恼、更有着灰心之时，庆幸的是心中的甜点魂不灭，总是能在转头之后，继续在跌倒处爬起并将失败化为珍贵的经验值。

此书的书写，立意在缩短一样也沉沦在烘焙世界的朋友们的摸索之路，借由Betty玩烘焙的些许经验归纳出重点整理提示，减少大家在烘焙中失败的可能性，也期许借由清楚的步骤照片，能让大家有着清晰的步序概念，希望Betty这一些些的经验对喜爱玩烘焙的你有所助益。

甜点总能带给人们美好的感受，生命中重要的时刻总与甜点息息相关呢，生日、结婚、母亲节、情人节，蛋糕甜点总不缺席，甚至是好友间的心意分享，一份小小的手做甜点，总能带给人满满的暖心温度，沐浴在温暖的气氛中，期许爱玩烘焙的大家，借由手做甜点回到简单与感动的单纯时光，让亲手做的甜点带给吃的人心中一抹幸福的微笑~

BEFORE BAKING

烘焙之前：工具食材的认识准备

走进厨房、穿上围裙转身预热烤箱之际，
让我先一一道来这趟烘焙旅程上该注意、
该知晓的大大小小的事，
让大家都能踏稳脚步自信地迈开步伐。

Before baking

HOW TO READ THIS BOOK
阅读说明

- 本书鸡蛋大小净重约为50g
- 1大匙=15ml
- 1小匙=5ml
- 1/2小匙=2.5ml
- 1/4小匙=1.25ml

- 本书使用的细砂糖除了特殊指定外，皆为日本三温糖或上白糖。

- 书中使用的植物油为葡萄籽油或玄米油，读者亦可替换成其他种类植物油，只要气味不要太过强烈以至于遮盖了蛋糕风味即可。

- 每篇食谱皆会陈述所需使用的主要烘焙器具，如使用模具尺寸、使用调理盆尺寸及个数、刮刀、电动搅拌机或是打蛋器等，而一般较基本的，如：电子秤、网筛、烤箱、烘焙纸、盛装食材的小碗小钵等，几乎每场烘焙皆会派上场，就不再赘述了。另与文中提到的调理盆尺寸，相差在1 ~ 2cm间尚可，过大或过小对混拌的均匀、打发的程度会有影响。

- 此书使用的是瓦斯烤箱，要是依指定时间烘烤后还是未熟透，请再延长烘烤时间，每次以5分钟计。若每次都需延长时间，则将温度调高10℃试试，相反，若每次没到指定时间就烤熟、烤出焦色，则请调低10℃试试。烤箱加热温度、烘烤时间需视烤箱机种而定，本书所列供参考，需视具体情况进行调整。

Q 我可以随意改变食谱中指定的食材吗？

烘焙是一连串化学变化的结果，在尚未熟悉甜点配方操作以及口感风味前，相信我，若食谱明列使用低筋面粉，就不要用高筋面粉；要求常温鸡蛋，就不要用冷藏鸡蛋；要添加泡打粉或是酵母粉，拜托，千万不要自作主张省略，这可不是1+1=2这么简单的事，擅自更改配方所引起的化学反应，是你无法想象的，所以请依食谱正确选用食材。

Q 配方里奶油、糖这么多，可以减少吗？或是用别的食材替换吗？

有些朋友看到配方里奶油以及糖的分量，就吓傻了，下意识自动对砍或是大大减少用量，殊不知奶油和糖是蛋糕湿润、松绵、风味及上色的来源，随意变动配方容易导致蛋糕口感风味不佳。所以建议新手朋友不要任意变动减少配方用量，除非已熟稔蛋糕制作，是善于变化配方口感的老手，否则擅自变更食谱分量真的会大大打击新手烘焙的信心。

如果寻找别的食材来替代呢？除非作者有交代，否则恣意置换食材，对蛋糕的口感还是会有影响，如配方写的是72%苦甜巧克力，若以45%牛奶巧克力来取代，风味绝对有差别。但一般同质性材料的替代是没问题的，如配方书写的是植物油，当然可用喜爱的橄榄油、玄米油、葡萄籽油、沙拉油等；或是配方中写的是牛奶，那要用全脂、或是低脂也都行，只是普遍认为全脂风味较香。所以请务必遵照食谱配方，且还要精准称量，记住，斤斤计较绝对是有利无弊的。

Q 粉类一定要过筛吗？可以小小偷懒吗？

粉类过筛的目的是“消除结块”，台湾气候潮湿，粉类易因湿气结块而影响混拌，你绝对不会想因这小小的偷懒而大大影响糕点的口感，所以粉类请务必要过筛，而且是将所有粉类食材一起过筛，这样可以让粉类颗粒大小一致，空气能够进入颗粒与颗粒间，可以更容易、更均匀地混拌面糊。当然，粉类过筛还有去除异物的功能。

粉类过筛步骤

1 右手握住筛子把手并轻柔地左右轻晃，左手持续轻敲筛子侧面（若是惯用左手者，请反向操作）。

2 最后会有一些颗粒较大的结块残留在筛子上，则可用手指轻压颗粒，帮助筛入。

Betty's Baking Tips

可用“挂耳式的筛子”，使其挂在调理盆上，就可轻松便捷地将粉类食材投入，而且还可避免桌面的拥挤及脏乱。

Q 该买哪些烘焙器具？哪些是最基本的？哪些可暂时不用买呢？

烘焙器具包罗万象，种类之多，绝对不输给女孩子家林林总总的化妆品，真的是多到买不完，尤其当你是烘焙重度上瘾者时。Betty在这里按器具的重要性来递减排列，希望能作为各位采买器具时的参考。

重要性★★★：建议必须添购的烘焙器具。
重要性★★：有的话，烘焙工序能更轻松顺手。
重要性★：依预算来斟酌添购。

★★★ 烤箱及烤箱温度计

有一台控温精准、恒温性佳的烤箱很重要，但市售烤箱种类、尺寸繁多，有瓦斯烤箱、电烤箱，有旋风烤箱，甚至还有专业级大烤箱，Betty在这就不再赘述其优劣特长，毕竟这涉及预算、使用空间及个人偏好品牌等多个方面。

烤箱就像自家车一样，尽管别人家的爱车瞬间加速力强、爬坡力强，内装配备高档又时尚，但是，自己了用多年的好驹就是怎么开怎么顺手，爬坡力不强，没关系，慢慢来总是会到达，瞬间加速力不够，也没有关系，又不是F1赛车比速度的。

唯有不断地细心体察、一次次地微调火力以熟稔自家烤箱的脾气（如：蛋糕表面上色太快，那下次上火就减个10℃看看；蛋糕底部太焦黑，那下次下火就再降温），这才是最经济实惠的。

另特别建议大家添购烤箱内温度计，借以精确测量出烤箱内的实际温度，毕竟各家烤箱都存在着温差。

★★★ 定时器

好不容易打发搅拌成功的面糊，绝不能败在烤焙时间的失控上，有了定时器大声的“哔哔”嘶吼呐喊声，绝对能将你从姐妹淘八卦电话中、或是神游中拉回。

★★★ 打蛋器

建议选购时以轻巧、有弹力、握起来顺手为原则，且最好添购两只，大小尺寸各一只。大的约

29~30cm，用于打发鸡蛋、鲜奶油以及大范围搅拌。小的约24cm，用于搅拌奶油馅、烫面糊，可以轻易刮拌到锅缘以免焦锅。

★★★ 电子秤

建议选用能精确到克的电子秤，当然如能精确到0.1g更好。有了这精准神器相助，那就请务必将每样食材确实地称重。

★★★ 手持电动搅拌机

良心建议这个预算千万不要省，有了手持电动搅拌机可帮助你轻轻松松，手不酸、气不喘、脸不红地成功打发鸡蛋及鲜奶油。但若预算充裕的话，添购桌上型搅拌机或是食物料理机（food processor）在烘焙工序上绝对能更省时省力。

★★★ 不锈钢制钢盆（调理盆）

市面不锈钢制钢盆尺寸很多，可依习惯、预算添购多个，但是最基本的19~20cm以及23~24cm的尺寸，是家庭烘焙最常用到的。

★★★ 网筛
粉类过筛选用比调理盆尺寸小的筛子，且滤网孔目越细越好。若可以的话，私心建议选用挂耳式，不仅筛粉类便利，过滤液体也很方便。另外，装饰甜点时的糖粉、可可粉、抹茶粉，则建议用迷你尺寸的网筛，或是用罐装筛器也可，罐装筛器的好处是用完随即可密封保存。

★★★ 硅胶刮刀
请选用一体成形的硅胶（silicone）刮刀，一来无缝隙不用担心洗不干净，二来硅胶耐高温，可便于边加热边搅拌。

★★★ 量匙
量匙材质不论不锈钢、塑胶皆可。但是一定要选购至少含下列4种容量的量匙才完整。量匙的计量，皆是平匙计量，也就是测量粉类时，一定要将表面刮平。

1大匙 = 1 tablespoon（1tbsp）=15ml
1小匙 = 1 teaspoon（1tsp）=5ml
1/2小匙 = 1/2 teaspoon（1/2tsp）=2.5ml
1/4小匙 = 1/4 teaspoon（1/4tsp）=1.25ml

★★★ 量杯
测量液体时使用，例如水、果汁、牛奶、鲜奶油等。使用量杯时，从上方俯视是无法正确测量的，需从侧面水平来看，且建议购买玻璃材质的。

另外不同食谱书所用量杯的容量不一定相同，有的一杯是200ml、有的是240ml、有的是236ml，所以请务必详阅该食谱书的计量单位说明。

★★★ 烤焙垫或是烘焙纸
烘烤糕点时，为了不使糕点粘黏在烤盘上，烤盘上要铺一层烤焙垫或是烘焙纸。可挑选市售整卷的烘焙纸，再依需求裁切所需的长度，使用完即丢弃。而烤焙垫不仅耐高温又可重复使用，虽然价格不菲，但是就环保的立场来说是较鼓励的，对了，要选择与烤盘大小相同的烤焙垫喔。

★★★ 保鲜膜、铝箔纸
这两样我想几乎一般家庭都会有，但容Betty在此多啰唆一下。

★★ 烤模

说到烤模，这绝对是烘焙路上的要命无底钱坑，各式蛋糕皆有其对应的烤模，就拿玛德莲来说吧，浑圆贝壳的形状这才是经典啊，另加上有时也想变化一下糕点造型，看腻的长条状磅蛋糕，换个圆的或是咕咕霍夫造型也不错；海绵蛋糕可不只是圆形，换成方形来夹馅料也不赖；总是烤6英寸的戚风蛋糕，但今日要送礼，那可得烤个8英寸大小才不失礼；甜塔大的总是吃不完，烤个小巧的还可佯装高雅贵妇的午茶氛围……

唉，总之，烤模就像女人的皮包，随心情大包小包地换，随场合手提斜背地挑选。但总是还是有些基本、经典的烤模是家庭烘焙常使用到的，甚至有些还能当多种糕点的烤模用，Betty在这里整理一些清单，供大家购买时参考，其余的再视需要慢慢收藏吧。

常用烤模有：
8英寸或6英寸的圆形分离烤模及不分离烤模
8英寸或6英寸的日式中空戚风模
8英寸、6英寸或各式小尺寸塔模
25cm或20cm的方形烤模
磅蛋糕模（18cm×9cm×6cm，容量700ml）
玛德莲模
6连或12连马芬模
咕咕霍夫模

★★ 刮板

平底刮板较常用，分硬质及软质。硬质刮板可切割面团、整平蛋糕面糊，而软质刮板则是在蛋糕上用鲜奶油涂抹出圆弧状造型时使用的（另还有锯齿状刮板，可用于装饰鲜奶油蛋糕以及巧克力塑形，有需要再添购即可）。

★★ 硅胶刷

刷蛋液、奶油、果酱时，就需要一把好刷子，硅胶刷不似传统毛刷易掉毛，烘焙完用中性清洁剂洗完晾干即可，还不会有发霉的问题呢。

★★ 擀面棍

有木质、塑胶、大理石等材质，长度30cm以上的较推荐，甚至有的擀面棍还有可调厚度的功能。若预算可以的话，建议添购可调厚度的擀面棍，对烘焙饼干、塔皮来说，能擀成一致性的厚度，真是太方便了。

★★ 抹刀

有平抹刀及L形抹刀两种。平抹刀适用于涂抹鲜奶油、平整蛋糕表面、以及移动蛋糕，建议可挑选大把的（8英寸以上）。若要抹平塔模里的馅料就需要L形抹刀，较无死角也易操作，当然你要用大汤匙或是刮刀来替代L形抹刀也行。

★★ **蛋糕刀**

刀刃呈现锯齿状，所以在分切蛋糕时较不易产生碎屑，建议挑选大把的蛋糕刀，如此在分切大蛋糕时，才能一刀切断，这时你会感谢有把大蛋糕刀，因为真是能大小蛋糕通切呢。

★★ **网架（蛋糕冷却架）**

烤好的蛋糕、饼干等皆需冷却，因此建议选购有脚架的冷却架以方便散热。

网架圆、方、长方皆有，其实形状不拘，但若要是做瑞士卷的蛋糕皮，则需挑选大的长方形网架。

★★ **隔热手套**

一副能确实隔绝高温的手套，绝对可以避免纤纤玉手被烫伤、起水泡的高度危险。若可以的话，建议挑选长度至手肘处的隔热手套，因为Betty的手臂也常常被滚烫的烤箱门边烫伤（真是丢脸），若你没有这项困扰的话，那就买至手腕以上8~10cm的就好，但是保护措施总是越多越好，就像买保险一样。

★★ **刨丝器**

制作柑橘类点心时，一把好的刨丝刀，能轻轻松松刨下柠檬、柳橙表层的薄皮，却不会刨下带苦味的白色软皮而毁了点心风味，你会庆幸自己添购了这把好神器。

★★ **蛋糕探针（cake tester）**

对于较厚的糕点，可从糕点中央处刺入，检查是否粘黏来判断熟度，虽亦可用竹签，但是竹签较粗，造成蛋糕孔洞过大且易受潮发霉，若可以的话，请添购不锈钢材质的蛋糕探针。

★★ 分蛋器

为了不让双手黏地分离蛋白与蛋黄，甚至还分离得支离破碎，建议买个分蛋器吧。

★★ 挤花袋及花嘴

挤花袋分为重复使用的尼龙袋（最近厂商还推出了硅胶材质的），以及抛弃式的塑胶材质。

做家常甜点建议用抛弃式的，不仅不用担心清洗不干净导致细菌孳生，而且使用上也简单，只是可重复使用的挤花袋相对较强韧不易破裂。

若是只需少量装饰，例如用巧克力画线条，也可用三明治袋来取代喔。而花嘴的部分，仅需挑选常用、惯用的花嘴即可，如星形、圆形。

★纸模

这大概是最经济实惠的烤模了，若你只想烤个简单的杯子蛋糕、马芬等，这不失为节省荷包的最佳选择。甚至现在坊间还有戚风纸模、磅蛋糕纸模可供选择。

★饼干压模

各式各样压模不仅可用来压切各式饼干，亦可用于塔皮、派皮塑形，甚至压切造型巧克力作为装饰等，种类繁多，建议视需要慢慢添置即可。

★硅胶模

可进烤箱高温烘烤、也可进冷冻室低温塑形，弯曲幅度大，不粘黏也易于脱模，是近年来颇流行的模具，使用上的禁忌是：勿用力拉扯、不要用刀具刮伤，不要用硬质刷子刷洗，只需用柔软海绵蘸点中性清洁剂清洗即可。建议大家慎选硅胶材质及品牌。

★重石

盲烤塔皮时，需要重石压覆在塔皮上，以防塔皮烘烤后鼓起变形，若无重石，也可用豆类来替代，只是豆类经几番烘烤后，重量会越来越轻，记得要适时更新替换。

★挖球器

不仅可用来将水果挖取成一球一球状来装饰蛋糕，用于挖取苹果、水梨的果核及芭乐去籽都很方便。

★蛋糕旋转台

若要用打发鲜奶油来装饰整个蛋糕，有了旋转台就会顺手许多。

★电子温度计

进行隔水加热或是巧克力调温时，有了电子温度计就可正确调温。

Q 要有哪些食材才能随时兴之所至地做糕点呢？这些食材有哪些特性？使用注意事项是什么？

玩烘焙的素材不离鸡蛋、糖、奶油、面粉，只要有它们就能做出蓬松绵柔、口感湿润的西式家常糕点，万变不离其宗，所有糕点都在这4样食材的比例间增减变化着。而其他乳制品、巧克力、抹茶、茶叶、坚果、果干等更是丰富了口味和口感。接下来，我们只要能了解下列食材特性，就能随喜好应用并提高糕点的成功度。

再啰唆一句，家常甜点追求的不是华丽炫技的外表，亦不是繁琐耗时的工序，而是用心细选食材，只要是新鲜、天然无多余人工添加物的食材，味蕾自然会感受到，所以越是简单的甜点，食材的挑选越是重要。

鸡蛋

鸡蛋在糕点中扮演着极重要的角色，因为蛋糕能膨松地烘烤成功，最主要是靠打发鸡蛋。具有起泡性的蛋白，打发后可做成戚风蛋糕、马林糖（Meringues）、舒芙蕾等，而香气浓郁的蛋黄又可做成万用卡士达酱以及布丁，整颗用或是分开用，皆有其特长所在。

蛋黄中所含的卵磷脂，有助于油、水分乳化，在奶油中要混拌入鸡蛋，则会出现“乳化”。在糕点制作过程中，乳化是最重要的，乳化失败则油水分离，糕点的口感犹如“粿”般难入口。

如何选用：

在食谱中，大多以“颗”为鸡蛋计量单位，但是鸡蛋尺寸大小若误差值过大，可是会影响成品的，导致每次成品口感会有所不同。一般来说，L尺寸的鸡蛋重量是55g以上（蛋黄20g，蛋白35g以上），M尺寸的鸡蛋重量是50g（蛋黄20g，蛋白30g），所以，请务必看清食谱作者所列明的鸡蛋尺寸。

使用诀窍：

需要分蛋时，请务必谨守“一次一颗鸡蛋打入分蛋器中”“确认蛋黄无破损且完整地停留在打蛋器上”“流泻至打蛋盆中的蛋白无粘黏到蛋黄”三原则。如此则可将蛋黄及蛋白分别倒入不同的调理盆中，之后再同上步骤继续打下一颗蛋。如此可确保在打多颗鸡蛋时，也不会发生一粒老鼠屎（一颗破损的蛋黄）坏了整锅粥（蛋白）的悲剧。谨记，蛋黄中的油脂成分会导致蛋白无法打发。

请搅散鸡蛋后再测量重量。若食谱中要求使用30g鸡蛋，则请整颗鸡蛋确实搅拌均匀后，再进行称重。同理若仅需单独使用蛋白，则确实分蛋取出蛋白，一样将蛋白搅拌均匀后再称出所需克数。

保存方式：

鸡蛋新鲜度对糕点风味来说，可是有影响的，建议鸡蛋买回后尽快放冰箱冷藏，以维持其新鲜度。若是食谱中指定用常温鸡蛋，可于1~2小时前取出放室温回温。

糖

糖不仅是糕点甜味的来源，还是影响湿润度与色泽的要角。千万不要擅自大量减少食谱中糖的指定用量，因为糖用量减少，会让糕点失去湿润度。

糖还有保水的特性，有助于打发出紧实细致的蛋白。但糖也不能添加过量，这样糕点不仅容易烧焦，而且口感厚重。

常用的糖的种类有：

细砂糖

结晶小，风味单纯，是西式糕点中最常使用的砂糖种类。

上白糖

细砂糖的一种。结晶细致，甜度高，是日本颇受欢迎的砂糖。

三温糖

细砂糖的一种。由制造上白糖后的糖液所制成，经过三次加热和结晶处理，故名三温糖。颗粒细小，蔗香浓厚不腻口，是Betty爱用的砂糖种类之一。

纯糖粉

是将细砂糖再细磨而成，状如粉末，故称之为糖粉。主要用于饼干、甜塔、马卡龙、糖霜的制作。

防潮糖粉

成分主要是纯糖粉及玉米粉，轻撒装饰糕点时使用。

由于添加玉米粉有防潮作用，糖粉比较不易因糕点的水分而浸润粘黏，装饰效果会比纯糖粉更佳。

赤砂
蔗糖风味浓郁，甜度高，例如烤布蕾上层焦脆的烤糖，就建议用赤砂来制作，甜味浓厚，焦色光泽诱人。

黑糖
未精制而直接熬煮而成的蔗糖，含有丰富的维生素与矿物质，高雅甜味也是日式风味甜点爱用的选项。

枫糖浆
淡雅柔顺的气味，带给糕点的甜味有着不同的风情，建议选择纯天然的枫糖，气味更是加分。

蜂蜜
市售蜂蜜风味众多，常见的有龙眼蜜、荔枝蜜、百花蜜，还有欧美常见的薰衣草蜜、迷迭香蜜等，可视个人喜好选择来制作糕点，但是各品牌蜂蜜的甜度风味略有不同，用量上再行斟酌。

椰子花蜜糖
从椰子花中采收出来，颗粒细小，风味雅致，是近年来颇风行的低GI(GI是英文血糖生成指数的缩写)食品，在此提供给大家多一种甜味选择。

保存方式：
所有的糖类建议密封，并存放在阴凉处，以免受潮结块或是高温变质。

奶油
糕点出炉时，那扑鼻直骚动口欲的香气，都要拜奶油所赐。奶油分无盐奶油及含盐奶油，制作糕点时请用无盐奶油，以免咸味过量而坏了糕点风味，另还有添加乳酸发酵的发酵奶油，风味更是浓郁且不腻口，是法国糕点制作的主流。家常甜点的制作诉求是，能自己做主挑选天然食材以做出健康的甜点，所以酥油、白油、乳玛琳等人造植物性奶油，不建议家庭烘焙使用，而且风味也不如天然奶油。

如何选用：
不同形态下的奶油，作用皆不同，室温回软的状态适合拿来做磅蛋糕、饼干等；融化状态的适合拿来做海绵蛋糕、泡芙等。

保存方式：
奶油一经融化成液态后，就不适宜再拿来打发，因为结晶构造已改变。奶油的保存以密封冷藏为主，若使用速度不快时，亦可分切冷冻保存，使用时，则取出要用的量放冷藏室退冰。

面粉
面粉含蛋白质及淀粉，依蛋白质的含量分为高筋面粉、中筋面粉、低筋面粉，而蛋白质与水结合后会形成面筋，面筋越多则口感弹性就会越大。

高筋面粉(Bread Flour)
又名强力粉，蛋白质含量11%~13%，多用于制作面包、吐司等。

中筋面粉(All Purpose Flour)
又名粉心粉，蛋白质含量8%~11%，多用于制作包子、馒头、水饺皮、面条等。

低筋面粉(Cake Flour)
又名蛋糕粉，蛋白质含量6%~8%，多用于制作蛋糕、西点、饼干等。

另外，还有全麦面粉(又名全粒粉)、裸麦面粉等，较常用于制作面包。

使用诀窍：

糕点制作常使用到手粉，到底何谓"手粉"呢？在压擀塔皮、饼干面团时，为避免面团粘黏在工作台上，会先在工作台上撒些面粉，这面粉即手粉。建议使用高筋面粉当成手粉，因为不易结块、不易粘黏。同理，若使用非不粘的烤模，为方便烤后糕点能轻易完整地脱模，一般都会在烤模上涂上一层薄薄的奶油，再轻撒一层面粉，也建议同样使用高筋面粉喔。

保存方式：

所有的粉类建议密封保存，并存放在阴凉处，不要一次添购太多，请在有效期内使用完毕。

牛奶、鲜奶油

牛奶、鲜奶油都是由生奶而来，添加在糕点中，能为糕点增添甘甜乳香。牛奶能大量用于奶酪、布丁、卡士达酱、可丽饼、戚风蛋糕等中，而鲜奶油具起泡性，乳脂肪含量在35%~50%间，多用于打发鲜奶油及制作慕斯。

如何选用：

市面上还有一种植物性鲜奶油，香气口感皆不如来自天然生乳的动物性鲜奶油，故居家烘焙着实不建议使用。

保存方式：

牛奶、鲜奶油皆需冷藏保存，尤其鲜奶油开封后建议尽快用完。常常有朋友问Betty："鲜奶油这么一大罐，是要如何消化掉？用不完好浪费啊"，是啊，没错，牛奶能拿来直接喝，但鲜奶油直接灌这招可不行呢，Betty提供几个鲜奶油的用途给大家参考，帮助大家速速用掉剩余的鲜奶油，毕竟食材还是趁新鲜吃最好。可以用鲜奶油煮白酱意大利面，烤咸派，焗烤，煮牛奶糖，做冰淇淋、提拉米苏、瑞士卷内馅、奶酪、布丁、泡芙、慕斯、布蕾、起士蛋糕等，行笔至此，你看看用途之多，相信各位一定可以找到喜爱的使用方式。

再次强调，动物性鲜奶油不可冷冻，一经冷冻就无法打发啰。

巧克力、可可粉

首先我们先来了解巧克力是怎么做成的，巧克力的原料可可豆在干燥、发酵、去皮后取出可可仁，磨碎可可仁后做成黏稠状的可可膏，可可膏中去除可可脂，再研磨过筛即是可可粉，若可可膏再添加可可脂、香料、糖等即是巧克力。

巧克力按可可膏、可可脂含量分为苦甜巧克力、牛奶巧克力、白巧克力，成分也略有不同。

适合做甜点的就是上述三种调温巧克力，口感滑顺丝柔，可可风味浓郁。

另还有一种称为免调温巧克力，即在调温巧克力中添加植物油和香料，调整成可直接食用的状态，它的巧克力风味虽无调温巧克力浓郁，但是使用便利，可免去巧克力调温失败造成的浪费。

为何称作调温巧克力？简单来说，巧克力中的可可

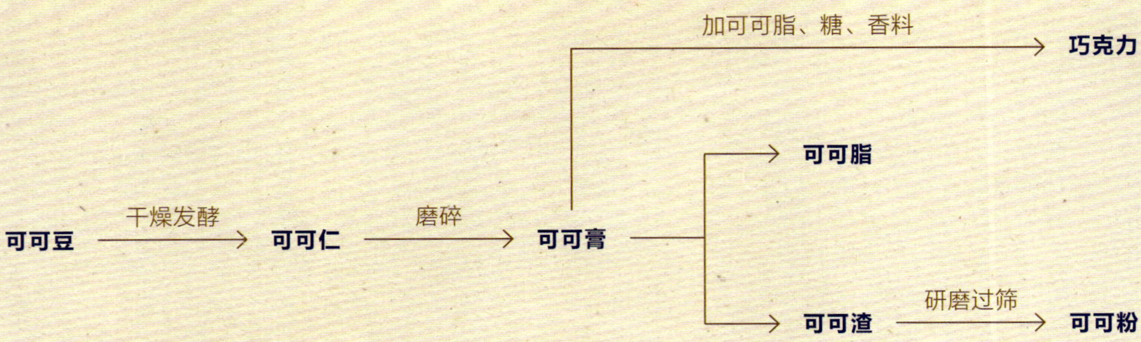

调温巧克力分类	可可含量	成分			
		可可膏	可可脂	糖、香料等	奶粉
苦甜巧克力	50% 以上	V	V	V	
牛奶巧克力	32~43%	V	V	V	V
白巧克力	28~35%		V	V	V

注：打v表示有此成分

脂光是融化，是无法使它再度结晶的，需要经过升温、降温、再升温的调温动作，才能使巧克力出现均一的光泽、滑顺化口的特质。

选用与保存：
调温巧克力的挑选请依照食谱列示的百分比来选购，误差值在正负5%范围内，大致上不会有问题。此外，制作甜点的可可粉选用无糖可可粉为佳；巧克力的保存以密封放在冰箱冷藏为佳。

香草荚、香草精

香草荚是甜点中颇昂贵的香料，依品种、产地、长度，价格皆不同。香草荚分为波本及大溪地两品种，而以波本为大宗，波本香草荚产地则以马达加斯加及留尼旺岛最为著名。

使用诀窍：
如何使用香草荚呢？最常用的方法是纵向剖开后，用刀尖刮出香草荚内侧的香草籽来使用。而剩下的香草荚呢？这可不要浪费，这残留的香草荚也是充满着香气的天赐良物，将其放入糖罐中，这香草的香气就会慢慢移至糖里，可用这香草糖来取代一般糖做甜点，就会有着隐隐淡雅的香草香。

另外，英国电视名厨Jamie Olivier也有款香草糖，香气更加浓郁，提供给大家参考：取4根香草荚先切段，每段约2.5cm，再将切段香草荚与1kg的糖放进食物料理机中，打成质地均匀的细沙状即可，最后装进密封罐并置于阴凉的地方保存，静置1~2星期，待时间将这两种介质充分融合，即可使用。当然，若你想让香草风味更加强烈，多放几根香草荚也无所谓。

除了香草荚外，还有一种更方便使用的液状香草精，分为天然及人工合成的，其价格差异颇大，当然天然香草精香气及风味是人工合成的香草精所大大不及的。香草荚、香草精主要用于布丁、奶酪、卡士达酱、饼干等，可增添香气并去除蛋腥味。

保存方式：
选购香草荚时，以微微湿润、色黑、肥厚的为佳，密封保存置于阴凉处。

吉利丁、吉利T

吉利丁与吉利T都是制作糕点时所使用的凝固剂。吉利丁是由动物骨骼或皮所提取的胶原蛋白，有板状及粉状两种，而一般板状吉利丁使用上较为普遍。

使用诀窍：
板状吉利丁1片约2~2.5g。板状吉利丁要先泡大量冰块水还原，大概泡5~10分钟就会膨胀变软而有弹性，此时就可以取出吉利丁并挤干水分，再放入约50~60℃的液体中，搅拌至完全融化或是隔水加热使用。

板状吉利丁开始融化的温度约20~30℃，所以口中的温度即可完全融化糕点，适合做慕斯、奶酪、巴巴露亚等甜点，化口性极佳。至于成品冷藏后无法凝固的原因有二，一为“加热过度”，温度过高会破坏吉利丁的凝结力；二为“遇到酸”，酸性水果中含有酵素，也会破坏吉利丁的凝结，如奇异果、凤梨等，则需取部分水果先加热，破坏酵素后再使用。而吉利T是以海藻为原料制成，凝固后具高透明度，口感有弹性，脆脆的，主要用于制作果冻，常温下即可凝固。使用时，需将吉利T与糖拌匀后倒入液体中，再加热至80℃左右才会溶解。

保存方式：
吉利丁、吉利T皆建议放在阴凉的地方保存。

吉利丁使用方式：

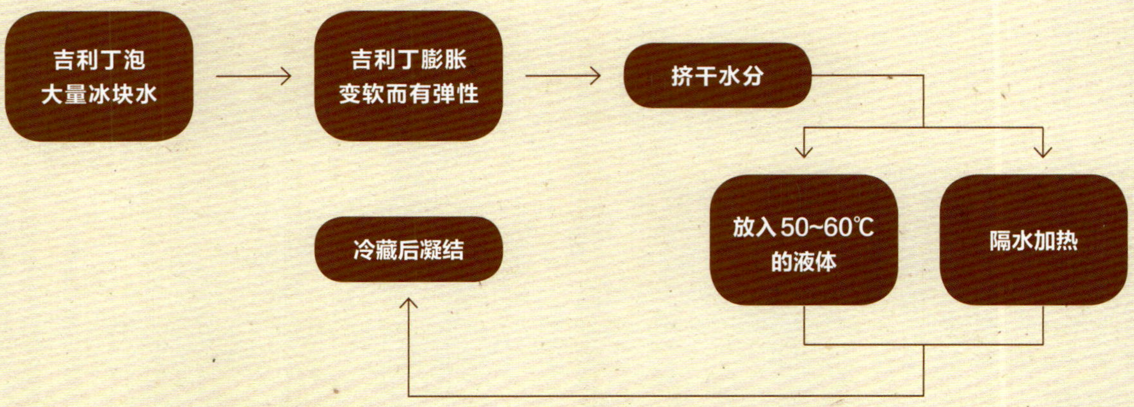

洋酒

烘焙上常用的有兰姆酒，以及有着柑橘香气的君度橙酒和浓烈咖啡香的卡鲁哇咖啡酒等，可以增添糕点风味，亦能消除鸡蛋腥味。

泡打粉（Baking Powder）

有助于糕点烘烤时的膨胀，用量需斟酌，若使用过多时会有苦味，一般与低筋面粉一起过筛使用。请购买不含铝的泡打粉，较无健康疑虑。或许会有朋友对于糕点中添加泡打粉有所顾虑，其实这泡打粉在西式糕点中的使用，已有非常长久的历史，是属颇安全的添加剂。当然，也不是所有糕点一定要添加泡打粉，运用不同技法打发，一样也可以有着蓬松的口感。

抹茶粉、茶叶

抹茶粉以及各式茶叶（红茶、伯爵茶、花草茶等）是变化糕点口味及色泽用的。抹茶粉请选用烘焙用抹茶粉，保色度、香气会比一般泡茶用的抹茶粉好。至于茶叶，若是要直接添加于糕点中，请用食物料理机先磨细，才不至于影响口感。

保存方式：

抹茶粉要密封并置冰箱冷藏，而茶叶则密封置于阴凉处即可。

果干、坚果

干燥过后的水果，甜度、香气都更胜一筹，加进糕点中常见的果干有：葡萄干、蔓越莓干、凤梨干、芒果干、蓝莓干等。而果干可以浸泡在洋酒中，风味更是一绝，例如兰姆酒葡萄干。烘焙常用到的坚果有：杏仁、核桃、松子、腰果、榛果、开心果、胡桃等，切碎或整粒用都可以。坚果若是生的、未经烤焙过，可放烤箱，以150℃低温烘烤至上色，或是取一平底锅，以小火炒至上色，至出现油光亦可。

保存方式：

果干、坚果一经开封，也请密封冷藏以维持鲜度。

吉利T使用方式：

吉利T与糖混合 → 倒入液体中 → 加热至约80℃ → 降至常温即凝结

Q 食谱指定的模具尺寸我没有，若用别的模具，要如何换算食材的用量？烘烤时间怎么调整？

当然，不可能每种模具、每个尺寸，家里随便一翻就生出一个，此时就好希望有个小叮当的万用口袋。所以，这里就来教大家一些“简单”的容量计算，这样不管模具是圆是方、甚至奇形怪状都不是问题了。

圆形模具

圆形模具体积的计算公式为“半径×半径×π×高”。

1个直径6英寸圆形戚风蛋糕模的体积：7.5×7.5×π×10=562.5π（cm^3）（注）

1个直径8英寸圆形戚风蛋糕模的体积：10×10×π×11=1 100π（cm^3）（注）

注

英寸是非法定计量单位，1英寸≈2.54cm。π是圆周率，π≈3.14。
直径6英寸约是15cm，半径则是3英寸，3英寸约为7.5cm；直径8英寸约是20cm，半径则是4英寸，4英寸约为10cm。

要用直径8英寸的蛋糕模取代直径6英寸的蛋糕模时，食材用量就需是直径6英寸蛋糕模的约2倍（1 100π/562.5π≈1.96）。
反之要用直径6英寸的蛋糕模取代直径8英寸的蛋糕模时，食材用量就需是直径8英寸蛋糕模的约0.5倍（562.5π/1 100π≈0.51）。

方形模具

方形模具体积的计算公式为：长×宽×高。

1个20cm正方形模的体积：20×20×5=2 000（cm^3）

1个25cm正方形模的体积：25×25×5=3 125（cm^3）

要用25cm的烤模取代20cm的烤模时，食材用量就需要是20cm烤模的约1.6倍（3 125/2 000≈1.56）。
反之，要用20cm的烤模取代25cm的烤模时，食材用量就需要是25cm烤模的约0.6倍（2 000/3 125=0.64）。

长方形的模具一样以此类推来计算。

不规则形状的模具

像咕咕霍夫模，则是将模具装满水，计算出水的净重，来计算置换比。而不同属性模具间的替换，如圆形换成长方形，或是长方形换成正方形，或是圆形换成咕咕霍夫模，一样是依上述方法来换算置换比。

模具置换后，烘烤时间一定是需再斟酌，如原本是20cm的正方形模，体积是2 000cm^3，改成直径6英寸（15cm）的圆形模，体积是562.5πcm^3（也就是约1 766cm^3）。

虽然模具容量变得较小，理论上烘烤时间也应缩短，但是6英寸圆形模的“受热面积”可是比20cm正方形模来得小，但“深度”却是增加的，所以烘烤时间可能得延长，因此请视自家烤箱状况来斟酌烘烤时间，用蛋糕探针（或是竹签）刺入不粘黏才是烤熟。

Q 烤箱一定要预热吗？预热要怎样设定温度？要预热多少时间？

从低温开始烤焙，会导致花较长的时间才能烤熟糕点，因此会让糕点口感变得较干，而且烘烤过长的时间，也会让糕点过于上色，所以烤箱一定要预热，万万不可面糊都拌好了，才猛然发现烤箱没在运作，这可是会吓到心脏病发作的。

一般家用小烤箱预热至食谱指定温度约莫需10~20分钟不等，且预热时，温度请高于食谱所指定温度10~20℃，等面糊放入烤箱后，再调回食谱指定温度。也就是说，若食谱指定要用180℃来烘烤，那预热期间的烤箱温度请设定190~200℃，等面糊放入烤箱后，就将温度再转回180℃。

需注意的是，面糊本身是常温的，以及面糊放入烤箱在开关烤箱门间，一般会让家用小烤箱温度下降个10~20℃左右，然而每台烤箱状况不同，请细心观察自家烤箱状况来做调整。

Q 烘烤期间，糕点上色不均，或是太焦了，怎么办？

烤箱或多或少都存在着火力不均的状况，像Betty家的烤箱，一向是越靠烤箱内部地方的糕点越先上色，而靠近烤箱门边的总是上色较慢，所以当发现烤箱内部的糕点已经开始上色时，就会取出烤盘掉头烘烤，如此内外边的糕点上色状况才会较一致。

对于温度变化较敏感的糕点，如泡芙，一定得等到泡芙的裂口已经上色，才可开烤箱门掉头烤盘；而身形较高的糕点，因离上火较近，在烘烤期间上色很快时，可拿张铝箔纸覆盖在糕点表面，即可避免表面焦黑。

Q 为什么烤个蛋糕，老是忙得昏头转向，用量称错不说，器具材料还老是找不到？

为了能从容、优雅地烘焙，重点还得要烤出个成功像样的蛋糕，下面几样事前准备工作只要确实按部就班地做到，相信你也能像法国妈妈一样，兴之所至、信手拈来就能做出充满温暖、入口满满幸福的糕点。

1 先熟读食谱再记录配方

食谱流程、注意事项等都要仔细阅读，最后请拿张白纸，将所需食材按操作顺序写下来，以及需预先准备的事项，如奶油回温、隔水加热、泡吉利丁片、烤模铺纸等，也一并注明在旁边，这样在操作过程中只要按图索骥就不会慌乱，只要记得一步一步慢慢来就好。

2 预热烤箱

烤箱要到达食谱指定温度皆需一段时间，约莫10~20分钟不等，得视各家烤箱厂牌而定，所以烤箱一定要预热，有些面糊（如戚风蛋糕）可是不等人的。

3 称量材料并按使用顺序排好

将食谱所需材料全部确实称重，Betty还有个小习惯，是将称好的食材再按操作搅拌顺序一一排好队，这样在操作过程中，只要按顺序拿取食材混拌，就不会发生漏放食材，或是顺序颠倒的窘况。另外，所有食材请一定要一次确实称量，不建议边做边称，不仅慌乱，还有可能造成食材等待过久不新鲜。

4 备齐器具及所需模具

将所需的器具、模具一并放在能够到的地方，或也可用一个收纳桶将常用的刮刀、打蛋器、抹刀等通通收纳在一起，要用时直接整桶拿出来也方便。

5 开始做预先准备的事项

先将白纸上记录的预先准备事项一一完成，如奶油回温、隔水加热、泡吉利丁片、烤模铺纸等。请一定要确实做到，这部分可是大大影响糕点成功率的重要因素之一。

好啦，以上前置步骤若都有确实做完，那就可以自信地迈入下个阶段了。

LESSON1

BASIC PASTE & CAKES

第1课 基础面糊&蛋糕类

为让甜点口感好吃、外观上相，基本功一定要先练好，
“想要功夫好，马步先蹲好”。我们先就从打发蛋白、打发全蛋、
打发鲜奶油、打发奶油、基本奶酱的制作，
以及混拌手法开始练功吧！

Basic paste & cakes

技巧 1

如何使用挤花袋？挤花袋的握法又是如何呢？

挤花袋的使用在糕点制作中，不论填馅或是装饰颇是频繁，
而一般家庭少量的挤花会建议采用抛弃式挤花袋，材质较卫生。

步骤 1　将挤花袋前端剪开

将花嘴放入挤花袋中，找出花嘴前端约 1/3 的位置，用剪刀轻轻划一圈，割一记号，再将挤花嘴退出，用剪刀于此处剪开挤花袋袋口。

POINT ! 如此将花嘴往前推时，花嘴前端 1/3 处即可露出袋外，剪开的开口，不要过大或是过小，过大容易造成花嘴脱落，而过小的挤花袋开口则会影响挤花的成形。

步骤 2　装入花嘴

将花嘴装入再往前推，则会露出前端 1/3，将花嘴尾端的挤花袋转几圈再塞入花嘴内侧。

POINT ! 此动作可防止接下来装填馅料时，因推挤而使馅料挤出袋外。

步骤 3　装填馅料

找一个高度约是挤花袋一半的量杯，将挤花袋前端放入量杯中，而尾端多出来的挤花袋折向量杯外，最后用刮刀填入馅料。

POINT ! 用量杯或是容器来辅助支撑挤花袋，会较便利。

准备器具

- 挤花袋
- 花嘴
- 刮刀
- 量杯
- 刮板

4-1

4-2

步骤4　用刮板推紧馅料

用刮板将馅料往前推紧，让馅料集中于前端也可去除多余空气。

POINT ! 若无刮板，用根筷子横向往前推挤也行。

6-1

6-2

步骤5　挤花袋握法

右手将挤花袋尾端旋紧后，左手将前端花嘴往前拉，即可松开之前塞进花嘴的挤花袋，右手轻轻用力将馅料往前推进，让馅料跑至花嘴口。

步骤6　挤花手法

右手负责施力挤出馅料，而左手则是于花嘴处控制方向及稳定支撑用。

POINT ! 步骤5、6若是惯用左手者，请反向操作。

技巧 2

如何铺烤盘纸？该用何种纸质呢？又为何要铺纸？

烘焙一切的开端，从铺烤盘纸开始学起！选用烘焙纸或白报纸都是可以的。
而铺纸的目的除了防粘黏之外，也方便比较深的烤盘能顺利脱模喔。
至于烤盘纸如何铺，以下示范几种不同形状烤盘的铺纸方法。

适用：正方形、长方形烤盘

步骤 1

如果烤盘是边长25cm、高5cm的正方形，先将烘焙纸（或白报纸）裁剪成边长37cm的正方形，为何是37cm呢？这是边长25cm再加上两边的高各是6cm，即25+6+6=37。但明明烤盘高是5cm，为何要加6cm？因为要多预留1cm左右，这样出炉要取出蛋糕时，直接拉着边缘多出来的那1cm就方便多了。当然也可多预留点，1~2cm之间都可以，但是不要预留太多，一来会容易塌垮、二来也会遮住上火。

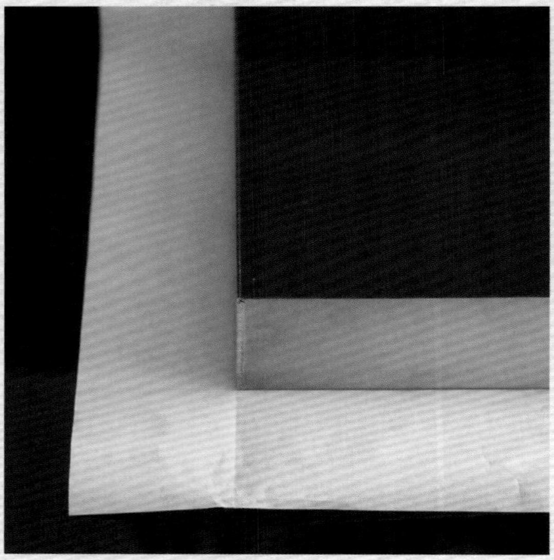

步骤 2

见下图，请沿着红色虚线先折出线条。

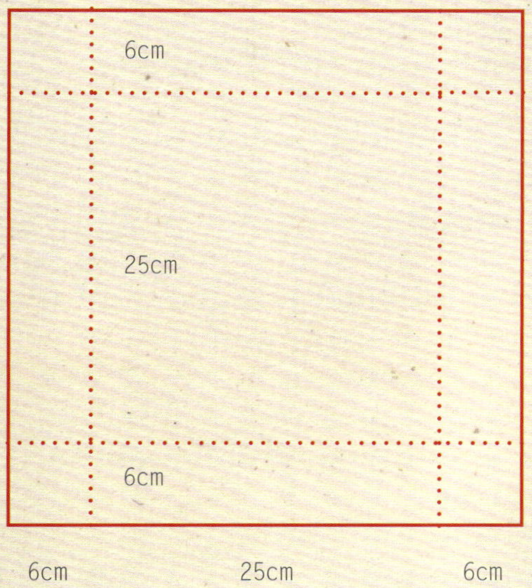

步骤 3

再沿着绿色线条剪开。

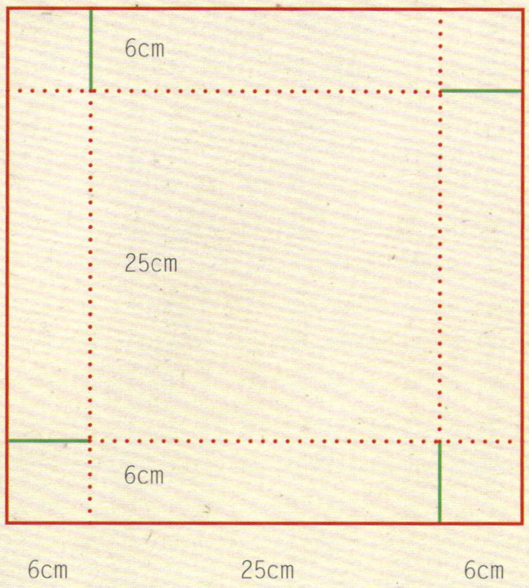

步骤 4

将折线立起，则可铺入烤盘。

适用：圆形烤盘

步骤1

取一烘焙纸（或白报纸）裁成比圆形烤盘直径还大的正方形，并沿着虚线对折成一个小正方形。

对折之前

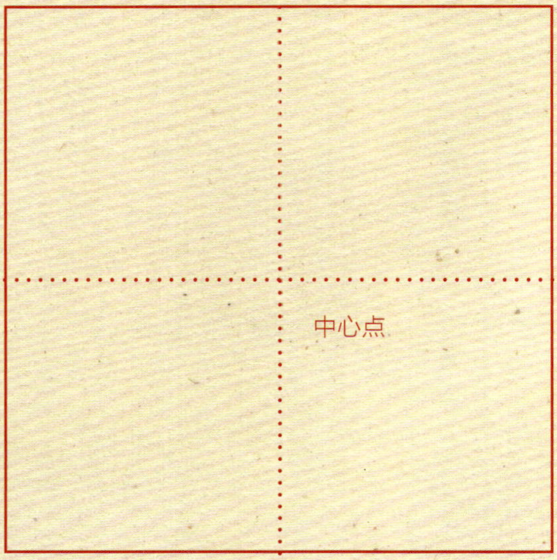

步骤2

以小正方形的中心点为基准，沿着虚线再对折一次后变成三角形；以中心点再对折一次，即变成一个更细长的三角形，最后再对折一次。

对折再对折之后的小正方形

步骤3

取出圆形烤盘，并找出圆形烤盘的中心点，将对折好的烘焙纸中心点对着圆形烤盘的中心点，并将超出圆形烤盘的烘焙纸剪除，这样摊开烘焙纸后，就会完全符合圆形烤盘底部大小了。

3-1

3-2

3-3

Betty's Baking Tips

若是铺纸于比较深或大的烤盘时，烘焙纸会易松垮，则可在烤盘上先喷一层薄油，再铺上烘焙纸，就可避免了。

A-1

蛋白霜点心

花点时间先学会打发蛋白的技巧，
之后就能依此变化出经典的法式家常甜点，
这些漂亮的甜点简简单单就能呈现在自家的餐桌上。

学会打发蛋白霜后的烘焙练习

食谱 1
小巧玫瑰马林糖

食谱 2
榛果巧克力达克瓦兹

技巧 3

如何成功打发蛋白？蛋白霜需打发至何种程度？

要成功将蛋白打发，几个注意事项请一定要先遵守：

打发蛋白的器具要无油无水

打发蛋白使用的调理盆及电动搅拌机的搅拌棒需确实清洗干净，不能有任何的油渍及水珠残留，请谨记。

蛋白需先冰过

请使用冷藏冰冷的蛋白，如此才能打出气泡坚实细致的蛋白霜。

蛋白蛋黄确实分开

分蛋时，请确实将蛋白与蛋黄分干净，蛋白中不要残留破损的蛋黄。

蛋白打发后请尽快使用

打发蛋白完成后要立刻使用，不要迟疑喔，不然一消泡，之前打发的工作就全白做了。

打发时，分 3 次加砂糖

打发蛋白时加入适量的砂糖，运用砂糖的保水性能让蛋白的气泡更稳定。但是不建议砂糖一次全加入，打发过程中请分3次来投入，这能让蛋白霜的膨胀度更高。

准备器具

- 调理盆
- 电动搅拌机

步骤1　低速打至起泡

调理盆中放入蛋白，用电动搅拌机先以低速搅打，待大量起泡后倒入配方中约1/3量的细砂糖，记得前段提到要分3次投入砂糖吗？所以砂糖每次的投入量都约莫是1/3。

步骤2　高速打至明显纹路

转高速搅打至蛋白呈现明显纹路，此时的蛋白霜的状态为泡沫变得较细，但是仍会在盆中流动，此时投入第2次砂糖，并再继续搅打。在投入砂糖后，蛋白霜会变得稍软，这是没关系的，再继续搅打下去就对了。

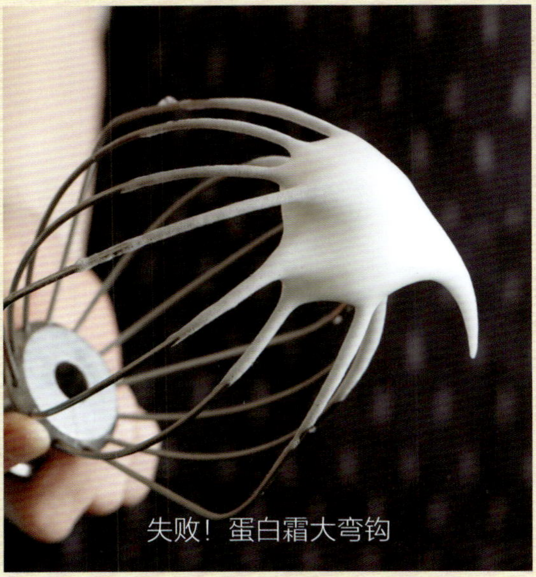

失败！蛋白霜大弯钩

步骤3　用搅拌棒舀起时，呈现竖起的蛋白霜尖角

待蛋白霜出现光泽，蛋白明显纹路再度出现，若用手持电动搅拌机搅打的话，会感觉到手感变重，稍感阻力，那是因为蛋白霜已越来越坚实，所以手能感受到那股阻力。

湿性发泡

此时投入剩余砂糖，搅打至蛋白霜带光泽且紧实，用搅拌棒舀起蛋白霜时，会缓缓呈现弯钩鸟嘴状，则为“湿性发泡”。

干性发泡

再继续搅拌一会儿，用搅拌棒舀起蛋白霜，若呈现竖起挺立的尖角即是“干性发泡”。最后转低速搅打个几圈，让蛋白霜的气泡细致些。

失败！过发

切记，蛋白勿打过头，过度打发时，蛋白中的水分呈现分离状态，外观呈现蛋白泡破碎且质地粗糙、如棉花状无弹性，如此则无法复返，再也回不去了。

NEXT

只要学会以上打发蛋白的工序，你就能做出马林糖（Meringues）了！再来更进阶的，只需混拌些粉类就能烤出外部酥脆、内部松绵的达克瓦兹（Dacquoise），更厉害的是入口如云朵般质地轻柔的戚风蛋糕（Chiffon）也是靠打发蛋白来呈现的。

还有一种迷倒法国王公贵族的舒芙蕾（Soufflé）更是利用打发蛋白与卡士达奶油的混拌，制造出入口极柔滑的轻盈感。

小巧玫瑰马林糖

Meringues

做糕点时，常会剩下一些蛋白，此时Betty习惯兑上等比例的糖打发，就能烤些小巧身形的玫瑰花状马林糖(又名蛋白饼)，外层薄脆、内部绵酥而入口即融，据说这马林糖可是大大风行的马卡龙的前身呢! 但工序却比那“少女酥胸”简单多了~

食材

- 蛋白　30g
- 细砂糖　30g
- 开心果碎　适量

准备器具

- 星形挤花嘴
- 挤花袋
- 刮刀
- 19cm调理盆
- 电动搅拌机

烤箱温度

- 120℃

制作分量

- 约20个

做法

1　将蛋白与砂糖打发至干性发泡（参见技巧3 如何成功打发蛋白），再将打发的蛋白霜装入挤花袋中（参见技巧1　如何使用挤花袋）。

2　挤出约2指宽（4cm）的玫瑰状蛋白霜，上面撒些开心果碎，随即送进经过预热的烤箱，以120℃烤20分钟，再熄火焖60分钟。出炉时，手压有酥脆感即可。

POINT!　为了让马林糖维持白皙色调，建议烤盘放最上层，仅开下火烘烤，最后再以“焖”的方式，来焖透马林糖的中心。判断是否烤熟的方法为，先取一颗对折，若中心是干的、酥脆的，则是可以出炉了！倘若尚未干透，中心还是有点软软的，则再开火预热至100℃后熄火，再送进烤盘焖至熟透。

POINT!　亦可用圆形花嘴挤出水滴状，或是直接用汤匙舀，形状随意也可；当然，若是分量大，则烘焖的时间也需斟酌拉长。

Betty's Baking Tips

蛋白饼很容易受潮回软，所以建议一冷却就马上装入密封罐，可以维持其酥脆度。倘若要食用而真的变软了、黏手了，可再放进烤箱中焖烤一下，将水汽烘干。于室温阴凉处约可保存1~2星期左右。

食谱

榛果巧克力达克瓦兹

Chocolate Dacquoise

达克瓦兹是一种运用大量打发蛋白、杏仁粉、糖粉，以及少量面粉所制成的蛋糕，经过高温烘烤形成外部酥脆、内部松绵的口感。传统上是做成较大尺寸，但亦可做成小巧状，形状可塑成圆片状或椭圆长条状，而内馅更是随意，可夹进果酱、奶油馅或巧克力酱。

食材

- 杏仁粉 50g
- 糖粉 35g
- 低筋面粉 20g
- 蛋白 70g
- 细砂糖 20g
- 市售榛果巧克力酱（Nutella） 适量

准备器具

- 电动搅拌机
- 23cm 调理盆
- 刮刀
- 圆孔花嘴（直径1cm）
- 挤花袋

烤箱温度

- 180℃

制作分量

- 约8份

做法

1 先将杏仁粉、糖粉、低筋面粉过筛备用。

2 将蛋白与细砂糖打发至干性发泡（参见技巧3 如何成功打发蛋白）。

3 将过筛后的食材倒入打发的蛋白中，以切拌的方式轻柔地拌至均匀。

POINT！ 切拌的手法
在混拌蛋白霜与粉类时，为不破坏蛋白霜气泡，用刮刀从盆底轻柔地将面糊舀起，而折下的同时将刮刀转为直立（如同拿菜刀般），从远处往近身切开，一直重复此动作，似在写日文“の”般，并适时转动调理盆，让每个地方的面糊都能搅拌到，务必轻柔地重复动作至拌匀。

3-1

3-2

3-3

4 将拌匀好的面糊装入挤花袋，挤成约8cm长条状，约可挤出16条左右（请参照技巧1 如何使用挤花袋）。

4-1

4-2

5 轻撒上分量外的糖粉于面糊表面，静置约1分钟，待面糊吸收了糖粉，再轻撒一次。

POINT！ 面糊吸收了糖粉，经高温烘烤后，会产生酥脆的口感。

5

6 马上送进经过预热的烤箱，180℃烤15分钟左右，至外皮呈现金黄色，手触摸有酥脆感即可。

7 出炉后，先置于网架待降温，取外形、长度较接近的面皮两两一组，一片底部抹上适量的榛果巧克力酱，另一片轻覆上即完成。

Betty's Baking Tips

1 于步骤5撒完第2次糖粉后，可再轻撒上些开心果碎，增添视觉和口感丰富性。

2 达克瓦兹降温后，密封冷藏可保存约1星期左右，可于食用时再夹馅料。

A-2

戚风蛋糕

戚风蛋糕是运用打发蛋白最彻底的甜点了，
大量的空气感存在于蛋糕体中，口感极富弹性也轻盈，
不论切块单吃或是当作装饰蛋糕都很适宜。

学会打发蛋白后的烘焙练习

食谱 1
轻盈优格戚风蛋糕

食谱 2
酒香兰姆葡萄干戚风蛋糕

食谱 3
成熟大人风咖啡戚风蛋糕

食谱 4
秋收满溢蒙布朗戚风蛋糕

先懂基础！戚风蛋糕制作诀窍

1 请使用“非不粘”模。

2 建议打发蛋白霜的挺度为湿性发泡，这样口感才细致。

3 加入粉类后，切勿过度用力或过度搅拌。

4 混合蛋黄面糊与蛋白霜时，混拌动作要轻柔。

5 蛋糕出炉后，需立即倒扣，以免蛋糕体回缩。

chiffon cakes

原味基本款

先懂基础！戚风蛋糕制作与失误解析

食材

- 蛋黄　4颗
- 植物油　40g
- 鲜奶　60g
- 低筋面粉　70g
- 蛋白　4颗
- 细砂糖　60g

准备器具

- 6英寸日式戚风模（高10cm）
- 电动搅拌机
- 23cm调理盆2个
- 打蛋器
- 刮刀

烤箱温度

- 180℃

做法

• 制作蛋黄面糊

1 将蛋黄放入调理盆先打散，植物油分多次少量缓缓倒入，并用打蛋器持续搅拌至略变浅白。

POINT！ 一次倒入太多油，无法完全乳化，请分次慢慢倒入。

2 再分2~3次倒入鲜奶并搅拌均匀。

3 将低筋面粉筛入，轻柔搅拌至面粉消失即可。

POINT！ 力道请轻柔，不需过度用力或过度搅拌，只要面糊变得滑顺即可，以避免出筋。

• 打发蛋白霜

4 再取一调理盆，将蛋白与细砂糖打发至湿性发泡（请参照技巧3 如何成功打发蛋白）。

POINT！ 制作戚风蛋糕时，打发的蛋白霜挺度，达到用打蛋器舀起"蛋白霜尖端呈现鸟嘴状向下小弯钩"，即湿性发泡就可，这样制作出来的戚风蛋糕组织会较细致。若是将蛋白霜打发至坚挺亦可，则戚风蛋糕体体积较大，但组织较粗、气孔也较多。

• 混合蛋黄面糊与蛋白霜

5 取1/3的打发蛋白霜，拌入蛋黄面糊中，用打蛋器混合均匀至无硬块。

POINT！ 由于蛋黄面糊与打发蛋白霜这两者的质地不同，所以取些许打发蛋白霜拌入蛋黄面糊中，让两者质地稍接近，以利之后剩下打发蛋白霜的混拌。所以这里的蛋白霜混拌，可用打蛋器"大范围地画圈搅拌"。

6 最后再倒入剩余的打发蛋白霜，这时用打蛋器轻柔地混合至均匀无硬块，最后再以刮刀翻拌全部面糊几下，让面糊更均匀。

POINT！ 用打蛋器混合蛋白霜与蛋黄面糊的话，会比刮刀更均匀，且更快地拌匀至无硬块，但动作务必轻柔，一手拿着打蛋器沿着调理盆缘画小圈，慢慢地、轻柔地搅拌，另一手则转动调理盆。

POINT！ 搅拌过与不及都是不行的，千万不要因为担心蛋白霜会消泡而快速混拌几下，未拌匀的蛋白霜结块可是会让戚风蛋糕体出现大孔洞。同样搅拌至无硬块即停止搅拌，因为过度搅拌会使蛋白霜消泡，也是会让蛋糕体塌陷长不高的。

1

2

3

4

5-1

5-2

6-1

6-2

- 倒入模具

7 将拌匀的面糊从高处倒入模具中，再用刮刀稍微抹平。

POINT! 从高处倒入的动作，可消除面糊内的空气，并减少气泡。

8 再举起模具，在离桌面5~10cm处落下，如此轻震2~3次以消除气泡。

- 烘烤

9 送进经过预热的烤箱，180℃烘烤25分钟左右，至表面轻压会回弹且有沙沙声，以蛋糕探针或竹签刺入，不会粘黏即烤熟。出炉立即倒扣在稍有高度的器皿上。

POINT! 蛋糕出炉后，需立即倒扣，蛋糕体才不会回缩。

- 脱模

10 待蛋糕完全降温，拿一脱模刀（或是较细的抹刀）沿着模具侧面划一圈，再用手指用力顶一下模具底部，即可脱去模具外圈。

11 以脱模刀的刀刃中段插入蛋糕底部，并沿着底部划一圈。

POINT! 这样的脱模方式，会比用脱模刀尖端刺入的蛋糕底部来得平整，比较不会变得凹凹凸凸又伤痕累累。

12 最后剩下戚风模具中间隆起的烟囱，一样利用脱模刀插入，沿着烟囱划一圈再倒扣在盘子上即可脱去烟囱。

13 最后轻拍蛋糕体侧面，拍落一些蛋糕屑即完成。蛋糕若不马上食用，务必密封冷藏。

7

8

9

10

11

12

Q

怎样才是成功的戚风蛋糕呢?

我们先来说说戚风蛋糕外观需呈现出怎样的样貌，
才算是烤出成功的戚风蛋糕，
接下来，再一一剖析什么原因造成戚风蛋糕外观的不理想。

烤箱里的戚风蛋糕出炉前：

- 蛋糕体要膨发得高出烤模
- 蛋糕表面要有绽开的裂纹

也就是烤箱里仿佛开出了一朵“戚风花”，那就对了!

于倒扣冷却后，戚风蛋糕会稍回缩一些些是正常的喔。

常见失败点1

Q 戚风蛋糕模具挑选与使用要点有哪些？可以用不粘模具吗？

POINT! 戚风蛋糕要使用“非不粘”的模具，若使用的模具有不粘效果，蛋糕可是会爬不高喔，想想看，四周墙壁都是一层滑滑的膜，蛋糕如何能巴得住，如何往上爬呢？

POINT! 建议使用可分离的模具烤戚风蛋糕，这样在脱模时会较便利。

POINT! 模具要清洁干净，不能有油渍，否则蛋糕也会爬不高，甚至一倒扣，就会滑下来了。

常见失败点2

Q 戚风蛋糕为何要倒扣？不倒扣会怎样？

POINT! 戚风蛋糕一出炉就需马上倒扣的原因，是因为戚风蛋糕的配方里，其粉类比是很低的，主要靠打发蛋白在支撑整个蛋糕体，所以入口才有如云朵般轻盈之感，也因为如此，一出炉需马上倒扣，让地心引力帮助蛋糕维持挺度与形状，若不倒扣，蛋糕可是会凹陷下去的。

POINT! 但若是用小杯子纸模来烘烤，则无法倒扣，也因为无法倒扣所以杯子蛋糕表面会凹陷，一般会挤上鲜奶油来装饰。

常见失败点3

Q 我的戚风蛋糕塌陷、粗糙、凹陷、缩腰，怎会这样？

戚风蛋糕看似容易，普遍认为只要蛋白打得成功，基本上就不会有问题，但是粉类的混拌、烘烤火力、模具的使用都会影响，所以还是有诸多事项得注意。

CHECK

戚风蛋糕是靠打发蛋白撑起蛋糕体，才能呈现轻柔口感的一种蛋糕，虽难免会有诸多密密气孔充斥其中，但是若肉眼明显可见许多大大的孔洞，内部质地粗糙，那口感可就不好了，请检视一下是否：

- 打发蛋白霜与蛋黄面糊未拌均匀，残留肉眼可见的大片结块，而这些结块就是形成大孔洞的元凶。
- 进烤箱前未在桌面轻震2~3下，以消除气泡。

CHECK

戚风蛋糕应该是蓬发的、高耸的，表面有绽开的裂纹，但若你的戚风蛋糕表面是塌的、内凹的，请检视一下是否：

- 蛋白打发不足：无足够有力的蛋白霜可以撑起蛋糕体，所以蛋白霜请确实打发。
- 打发蛋白霜与蛋黄面糊混拌时，过久、过用力了，以致蛋白霜变稀消泡了。
- 蛋糕液体比例太高，请确认所称分量是否精确。
- 烘烤过程中不断打开烤箱，让温度下降了。
- 蛋糕尚未烤熟即出炉：请确认表面轻压会回弹，且有沙沙声，用蛋糕探针或竹签刺入不粘黏即烤熟。
- 出炉没有立即倒扣。
- 使用了不粘模具：戚风蛋糕请务必用“非不粘”的戚风模。
- 面糊倒入烤模后，没立即进烤箱烘烤让蛋白霜消泡了。

CHECK

戚风蛋糕侧边不是笔直的，反而有着一圈腰身~哎欧，缩腰了，请检视一下是否：

- 低筋面粉加入蛋黄糊时拌得过久出筋了：面糊的搅拌只需轻柔不用力，让整体面糊呈现滑顺的状态即可，就能避免出筋。
- 蛋糕尚未凉透，蛋糕组织尚未稳定即脱模。

CHECK

戚风蛋糕底部不平整，并往内凹陷了，请检视一下是否：

- 下火温度过高或是离底火过近，那下次下火温度再降个10~20℃试试看。
- 进烤箱前在桌面震几下时，请轻震即可，勿过度用力，太大力反而帮倒忙，让底部震出气泡，形成了内凹。

CHECK

戚风蛋糕切面看到白白的粉块，吃起来也有沙沙的粉感，请检视一下是否：

- 粉类未拌均匀，而导致蛋糕底部会有白白粉块的状态。

食谱

轻盈优格戚风蛋糕

Yogurt Chiffon

戚风蛋糕因配方中使用的是植物油，液体比例亦高，加上大量的打发蛋白，使整个蛋糕口感轻盈如云朵般缥缈，而健康素材的优格亦可加入戚风蛋糕来制作，无多余添加，无多余矫饰，最能品尝出单纯且纯粹的食物原味。

让成品更加分！

清爽的优格戚风，单吃纯粹美味，若是想增添风味或是切片招待来访朋友时，可佐上覆盆子马斯卡彭酱，奶香浓郁加上些微酸的莓果风味，让清爽的优格戚风有着不同的味蕾感受。

覆盆子马斯卡彭酱制作

马斯卡彭起士（mascarpone）与原味优格、覆盆子果酱以2：1：1的量，一起搅拌均匀至柔顺即可。而各品牌果酱的甜度不同，再请依喜爱的甜度来做调整。当然换上自己喜爱的风味果酱也是没问题的。

食材

- 蛋黄　4颗
- 植物油　40g
- 原味优格　80g
- 低筋面粉　70g
- 蛋白　4颗
- 细砂糖　60g

准备器具

- 6英寸日式戚风模（高10cm）
- 电动搅拌机
- 23cm调理盆2个
- 打蛋器
- 刮刀

烤箱温度

- 180℃

做法

1　参见52页“戚风蛋糕制作”完成步骤1~13，步骤2的鲜奶以原味优格取代即可。

食谱

酒香兰姆葡萄干戚风蛋糕

Rum Raisins Chiffon

喜爱兰姆香气的朋友们，绝不能错过此道有着雅致酒香的风味蛋糕，吸饱酒香的葡萄干入口更是一绝。提供大家一个想法，为免去脱模或是送礼包装的困扰，就使用市售戚风纸模来装填烘烤吧。

食材

- 蛋黄　4颗
- 植物油　40g
- 水　45g
- 泡葡萄干的兰姆酒　1大匙
- 低筋面粉　70g
- 蛋白　4颗
- 细砂糖　65g
- 酒渍兰姆葡萄干　60g

准备器具

- 17cm日式戚风纸模（高9cm）
- 电动搅拌机
- 23cm调理盆2个
- 打蛋器
- 刮刀

烤箱温度

- 180℃

做法

● 抓拌酒渍兰姆葡萄干

1 将酒渍兰姆葡萄干稍沥干，若葡萄干很大颗就切小块，先撒上分量外的一大匙低筋面粉抓拌一下备用。

POINT ! 先用低筋面粉抓拌兰姆葡萄干，可防止烘烤后果干沉底。

2 把浸泡葡萄干的兰姆酒和水兑在一起成兰姆酒水备用。

● 基础制作及更换配料

3 参见52页“戚风蛋糕制作”完成步骤1~9，并于步骤2中将鲜奶以兰姆酒水取代，而酒渍兰姆葡萄干，则于步骤6拌匀蛋白霜与蛋黄面糊后，再倒入略拌即可。

让成品更加分！

自制酒渍兰姆葡萄干

食材　有机葡萄干40g
　　　兰姆酒 50g

做法　将葡萄干用热水清洗一下，沥干水分后，注入兰姆酒并淹盖过葡萄干，浸渍一天即可使用，而浸渍越久则是越香醇。亦可多做些用干净消毒过的玻璃罐密封冷藏，约可保存1年。

食谱

成熟大人风咖啡戚风蛋糕

Coffee Chiffon

略带苦味的咖啡戚风，是款成熟大人风的蛋糕，佐一杯拿铁，读一本好书，暂时逃离庸扰杂烦俗事，沉浸在自我的静谧时光中吧。

食材

- ○ 即溶咖啡粉 2大匙
- ○ 热水 80g
- ○ 蛋黄 7颗
- ○ 植物油 70g
- ○ 卡鲁哇咖啡酒 1大匙
- ○ 低筋面粉 120g
- ○ 蛋白 7颗
- ○ 细砂糖 120g
- ○ 市售榛果巧克力酱（Nutella） 适量
- ○ 熟坚果 适量

准备器具

- ○ 8英寸日式戚风模（高11cm）
- ○ 电动搅拌机
- ○ 27cm调理盆（2个）
  （或是23cm及27cm调理盆各1个）
- ○ 打蛋器
- ○ 刮刀
- ○ 三明治袋

烤箱温度

- ○ 180℃

做法

● 泡开咖啡粉

1 用热水泡开即溶咖啡粉，搅拌均匀后，放一旁至冷却备用。

POINT ! 需待咖啡液冷却才可使用，否则高温的咖啡液倒入蛋黄面糊中，可是会让蛋凝固的。

● 基础制作

2 参见52页“戚风蛋糕制作”完成步骤1~13，并于步骤2中将鲜奶以咖啡液及卡鲁哇咖啡酒取代。

● 顶饰

3 将榛果巧克力酱装填入一个三明治袋中，尖端剪一小开口，即可于蛋糕顶部装饰线条，最后摆上喜爱的坚果装饰即可。

1

3-1

3-2

3-3

食譜

秋收满溢蒙布朗戚风蛋糕

Chestnut Chiffon

饱含坚果香气的栗子泥、清新奶香的优格马斯卡彭酱，搭上轻盈的戚风蛋糕体，是丰收的秋季最怡人的风景。

食材

- **戚风蛋糕**
  - 蛋黄　4颗
  - 植物油　40g
  - 鲜奶　60g
  - 低筋面粉　70g
  - 蛋白　4颗
  - 细砂糖　60g

- **优格马斯卡彭酱**
  - 马斯卡彭起士　40g
  - 原味优格　30g
  - 蜂蜜　5g(可视甜度斟酌)

- **栗子泥**
  - 含糖栗子泥　80g
  - 鲜奶　25~30g

- **装饰**
  - 糖渍栗子　适量
  - 糖粉　适量

准备器具

- 6英寸日式戚风模(高10cm)
- 电动搅拌机
- 23cm调理盆2个
- 打蛋器
- 刮刀
- 蒙布朗花嘴
- 挤花袋

烤箱温度

- 180℃

做法

• 基础制作

1 参见52页“戚风蛋糕制作”完整步骤，先做成一颗原味戚风蛋糕。

• 顶饰

2 将马斯卡彭起士、原味优格、蜂蜜拌至均匀滑顺无颗粒，再用汤匙舀取适量地抹在戚风蛋糕顶部。

3 再将含糖栗子泥、鲜奶拌匀。因每家栗子泥的湿润度不同，请斟酌添加鲜奶至整体滑顺，再装入挤花袋中，利用蒙布朗花嘴挤上栗子泥。

POINT! 若栗子泥的颗粒较大，可先用网筛压滤后，再将栗子泥馅料装入挤花袋，如此就不至于因为颗粒而阻塞了挤花嘴。

POINT! 若无蒙布朗花嘴，亦可用小圆孔的花嘴，一条一条慢慢挤上。

4 最后撒上糖粉、摆上糖渍栗子装饰。

技巧4

如何成功打发鲜奶油？又需打发至何种程度？

打发鲜奶油在甜点装饰或调味中，扮演着重要的角色。

其中，不同程度的打发又有着不同的用途。

下列几点注意事项请先遵守：

建议选用动物性鲜奶油

市面上鲜奶油有两种，一种由生乳而来的动物性鲜奶油，另一种为人工合成的植物性鲜奶油，虽植物性鲜奶油打发后较稳定，但毕竟含有反式脂肪酸而不利于健康，以及香气也不如天然的动物性鲜奶油浓醇，故居家烘焙着实建议采用动物性鲜奶油。

注意鲜奶油乳脂含量

鲜奶油中的脂肪球于搅拌器搅动而撞击连结发泡，故鲜奶油的乳脂成分越高则越快打发，一般鲜奶油乳脂含量在35%~50%间。

鲜奶油要确实冷藏

鲜奶油请保存于约4℃的冰箱冷藏，以维持鲜度及风味，要用时再从冰箱中取出。若温度过高的话，是无法打出状况良好的鲜奶油的喔。

隔着4~6℃冰块水打发

室温高的环境，鲜奶油需隔着4~6℃的冰块水才较易于打发。

增加鲜奶油与搅拌棒接触面积

若要打发的鲜奶油量不多，可将调理盆倾斜，鲜奶油与搅拌棒接触的面积越多，越易于打发。

打发后的鲜奶油需维持冰温

打发后的鲜奶油，请置于冰箱冷藏，或垫冰块水备用，较能维持稳定性及鲜度。

好了，注意事项都确实做到，就直接进入打发鲜奶油的工序了！

Betty's Baking Tips

1 调理盆上可覆盖一张保鲜膜，这样打发鲜奶油时，就不用担心鲜奶油喷得到处都是了。

2 若使用的是桌上型搅拌机，则请事先将鲜奶油倒入钢盆，并放入冰箱冰镇10~15分钟再来打发即可。

准备器具

- ○ 调理盆
- ○ 电动搅拌机

步骤 1　打发前的调理

取两个调理盆，一个装冰块水，另一个调理盆则倒入鲜奶油及砂糖，并放在装了冰块水的调理盆中，用电动搅拌机高速打发。

步骤 2　五六分发，适合做慕斯

打了一段时间后，鲜奶油开始变得浓稠且呈现纹路，用搅拌棒舀起时会滴落。

步骤 3　七八分发，适合涂抹及夹层用

再继续打发，不久后就会发现用搅拌棒舀起鲜奶油时不会滴落，尖角会缓缓弯下。

步骤 4　九分发，适合做挤花

打至搅拌棒舀起鲜奶油时，鲜奶油会整个巴在搅拌棒上，尖角呈现挺立状态。

NEXT　成功学会打发鲜奶油后，能做出什么甜点呢？下页要介绍一款利用市售手指饼干，即能做出的不用出动烤箱、又能快速解馋的甜点。

食譜

莓果手指三明治蛋糕

Lady Finger Berry Sandwiches

想要制作宴客的小点心、姐妹淘的午茶点心时，这道快速又雅致的莓果手指三明治蛋糕就可派上用场，装点时令色彩鲜艳的水果，让人很难不注目。

食材

- 市售手指饼干　适量
- 动物性鲜奶油　100g
- 细砂糖　10g
- 兰姆酒　1/4 小匙
- 蓝莓　随意
- 防潮糖粉　适量

准备器具

- 挤花袋
- 星形花嘴
- 纸模
- 23cm 调理盆 2 个
- 电动搅拌机

3-1

3-2

3-3

做法

1　将鲜奶油与砂糖打至九分发（参见技巧4 如何成功打发鲜奶油）。

2　将打发鲜奶油装入挤花袋中（参见技巧1 如何使用挤花袋）。

3　先将两根手指饼干并排放在纸模上，于饼干中间处先挤上适量的鲜奶油，可帮助两根手指饼干黏合固定，最后挤些鲜奶油装饰，摆上蓝莓、撒上糖粉即完成。

B

海绵蛋糕

制作海绵蛋糕一切都从全蛋打发开始，

一定要确实打发才能做出质地蓬松如海绵般的蛋糕体。

海绵蛋糕口感稍微偏干，但却极富弹性，

一般可切片作为夹层蛋糕变化使用。

学会全蛋打发后的烘焙练习

食谱 1

娇嫩蜜桃夹层蛋糕

食谱 2

遇见红茶白巧克力奶油蛋糕

食谱 3

一块惬意摩卡奶油蛋糕

食谱 4

覆盆子抹茶瑞士卷

先懂基础！海绵蛋糕制作诀窍

1 蛋液隔水加热至38~40℃。

2 混拌粉类时，用刮刀从盆底轻柔地将面糊舀起。

3 无盐奶油要维持在60℃才好混拌。

4 拌奶油时，将奶油先倒在刮刀上，让奶油分散至面糊表面。

5 出炉后，从10~15cm高处轻落桌面，并持续倒扣至冷却。

Sponge cakes

技巧 5

如何成功打发全蛋？

因为全蛋蛋黄含有脂肪，会使得气泡较难形成，
不似蛋白那么轻易即可打发，
必须借由隔水加热的方式，来减缓表面张力才易于打发。

做法

- 选择适当的调理盆

1 取两个调理盆（或锅子），一大一小，让大的调理盆能架在小的调理盆上。

POINT！ 不建议小的调理盆的边缘跟大的调理盆中的蛋液等高或是更低，因为金属导热快，一加热后，就容易让蛋液极速升温甚至煮熟，隔水加热是为了借由水蒸气缓缓慢慢地由底部加热蛋液，所以要选择大小适合的调理盆（或锅子）。

- 隔水加热

2 小的调理盆里装水，并开火持续加热。

POINT！ 小的调理盆水位不可高过大的调理盆底部，也就是大的调理盆底部不要碰到水，隔水加热是为了借由水蒸气的热度缓缓升温，若大的调理盆底部泡在水里，则蛋液很容易就被煮熟了。

- 蛋和糖的拌匀方式

3 鸡蛋及砂糖倒进大的调理盆里，并用打蛋器搅拌均匀，再移至加热中的小调理盆上，一样请持续搅拌。

POINT！ 砂糖一倒入鸡蛋后，要"立即"用打蛋器搅拌，不然一静置砂糖可是会让鸡蛋表面结皮，形成一块块细碎的固状物，就会影响口感喔。

POINT！ 加热期间一样要用打蛋器持续地搅拌，是因为锅底的蛋液经加热升温较快，所以要持续地搅拌，让整体蛋液的温度尽量一致。

- 测温控制

4 加热至微温即可离火，可用手触摸蛋液，若有温度计更好，测温应为38~40℃。

POINT ! 温度若高于60℃，则蛋液可是会被煮熟的。

POINT ! 加热蛋液的温度也尽量不要高于40℃，因为温度越高，蛋糕质地越粗糙。

- 判断打发程度

5 接下来用电动搅拌机以高速持续打发，蛋液纹路越来越明显，质地细致带着光泽，这时用搅拌棒舀起蛋液时，流下的蛋液如缎带般堆叠、可清楚写出“8”字，且暂时不易消失，最后以低速转个几圈让气泡细致，即完成全蛋打发。

NEXT

学会了全蛋打发，我们就能来烤入口极富弹性、又充满蛋香的海绵蛋糕，再运用点打发鲜奶油的技巧装点，就可做成夹层蛋糕（Layer cake）、也可做成小巧雅致个人独享的花式小蛋糕（Petit four）、更可卷成瑞士卷等，不但变化多，也增加了视觉上的丰富度。

原味基本款

先懂基础！海绵蛋糕制作与失误解析

食材

- 鸡蛋 2颗
- 细砂糖 50g
- 鲜奶 2小匙
- 低筋面粉 50g
- 无盐奶油 20g

准备器具

- 6英寸不分离圆模（高5.5cm）
- 电动搅拌机
- 23cm调理盆（外加一个隔水加热盆）
- 打蛋器
- 刮刀
- 耐热玻璃杯（融化奶油用）

烤箱温度

- 180℃

• 模具铺纸

1 裁剪出一个直径与烤模相等的圆形烘焙纸（参见技巧2 如何铺烤盘纸），铺放模具底部用，再裁剪长50cm、宽5.5cm的长方形烘焙纸一张，覆盖模具侧面用。

POINT! 模具可刷抹上少许奶油（分量外的无盐奶油或是植物油皆可），再将裁剪好的烘焙纸覆盖上，这样烘焙纸就不易滑动或脱落。

• 打发全蛋及混拌材料

2 调理盆内倒入鸡蛋与砂糖，将其打发至用搅拌棒舀起蛋液，流下的蛋液如缎带般堆叠，可清楚地写出“8”字，且暂时不易消失（参见技巧5 如何成功打发全蛋）。

3 装有蛋液的调理盆加热至微温，并拿开热水的同时，就可将无盐奶油装入一个耐热玻璃杯（或小调理盆）中，放在热水中隔水加热至融化。待奶油融化后即熄火，但仍继续保温于热水中不取出。

POINT! 无盐奶油维持在温热的温度（约60℃），等下会较易与面糊混拌。

4 鲜奶加入步骤2打发的全蛋中轻柔拌匀。

• 切拌的手法

5 将低筋面粉筛入步骤4的鲜奶全蛋糊中，以切拌的方式轻柔地拌至均匀，且面糊带着光泽。

POINT! 混拌粉类时，为不破坏全蛋打发的气泡，用刮刀从盆底轻柔地将面糊舀起，而折下的同时将刮刀转为直立（如同拿菜刀般）从远处往近身切开，一直重复此动作，像写日文“の”一般，并适时旋转调理盆，让每处面糊都能搅拌到，务必轻柔地重复动作至拌匀。

6 最后将隔水加热融化的无盐奶油，分2~3次慢慢地淋在刮刀上，让刮刀先承接奶油，让奶油能四散至面糊表面，最后再拌均匀。

POINT! 将奶油先倒在刮刀上，能让奶油分散至面糊表面，可防止奶油一股脑倒入而沉到面糊底部，以致不易拌匀。

1

2

3

4

5-1

5-2

5-3

5-4

6

7-1

7-2

9-1

9-2

- 倒入模具

7 将面糊倒入模具，并提起模具轻敲桌面2~3下，以赶出面糊中的气泡。

- 烘烤

8 放进经过预热的烤箱，180℃烤20分钟左右，至轻压表面有弹性、整体有均匀的烤色、以蛋糕探针或竹签刺入不粘黏，就可出炉。

- 冷却与静置

9 出炉时，将模具从10~15cm高处轻落桌面，再倒扣蛋糕冷却架上，并取下模具。冷却后，再撕除烘焙纸。

POINT！ 出炉后从10~15cm高处轻落桌面，借由冲击的力道让蛋糕里的水蒸气快速排出，以减少蛋糕塌陷。

POINT！ 持续倒扣在蛋糕冷却架上至冷却，可让海绵蛋糕的顶部平坦。

Betty's Baking Tips

海绵蛋糕配方的比例一般在蛋：面粉：糖=2：1：1~1：1：1间做变化，依个人喜爱松软还是较有弹性而定。

Q

怎样才算成功的海绵蛋糕呢？

我们先来说说海绵蛋糕外观需呈现出怎样的样貌，
才算是烤出成功的海绵蛋糕，
接下来，再一一剖析什么原因造成海绵蛋糕外观的不理想。

- 成功的海绵蛋糕外观需膨胀得与模具同高。
- 轻压表面有弹性。
- 切面细致无大型孔洞。
- 整体有均匀的烤色。

如此状态的海绵蛋糕，
入口才会感受到蛋糕体的弹性与浓郁蛋香。

常见失败点1

Q 为什么海绵蛋糕塌陷了？表面布满皱纹不平整？体积也萎缩？

CHECK

海绵蛋糕表面应该是一片平坦等高的平原，但倘若你的海绵蛋糕中央是塌陷的，像是片大凹地，请检视一下是否：

- **出炉后未轻敲：**用圆形模烘烤的海绵蛋糕，出炉后需从10~15cm高处轻落桌面，借由冲击力道让蛋糕里的水蒸气快速排出，以避免蛋糕塌陷。但若以浅烤盘烘烤（如瑞士卷），因海绵蛋糕面积大且宽，水蒸气可以快速地排出，所以就不用轻敲的动作。
- **出炉未倒扣冷却：**让出炉的海绵蛋糕倒扣在冷却架上静置至冷却，可以帮助海绵蛋糕表面平坦。

CHECK

海绵蛋糕表面尽是满满皱纹，甚至萎缩了，请检视一下是否：

- **蛋糕体尚未烤熟：**蛋糕体轻压表面会回弹，且以蛋糕探针或竹签刺入不粘黏才是烤熟。
- **蛋糕体烘烤过度：**长时间烘烤让水分蒸发了，以至于蛋糕体萎缩了。请确认烤箱温度是否正确？是否过低？

Q 常见失败点2

为什么海绵蛋糕无法膨胀？个头硬是比别人矮？

CHECK

出炉的海绵蛋糕身高比模具低矮，或只有中间隆起，像个小台地般，且口感厚重扎实，请检视一下是否：

- **鸡蛋打发不足：**鸡蛋打发程度不足，以至于蛋糕无法膨胀。

Q 常见失败点3

海绵蛋糕切面为什么有白色粉块？

CHECK

用肉眼就能看到蛋糕体有明显的白色粉粒、粉块。

- **粉类未拌匀：**低筋面粉没拌匀，导致切面或外观残留了白色面粉，而且口感也会有粗糙的感觉。

食譜

娇嫩蜜桃夹层蛋糕

Peach Layer Cake

最喜欢夹层蛋糕带来视觉上的层层惊喜，有着满满缤纷的水果，又有着滑顺轻柔流泻而下的香浓奶馅，在口中交织盈溢着幸福的氛围~

食材

- 海绵蛋糕
  - 鸡蛋　2颗
  - 细砂糖　50g
  - 鲜奶　2小匙
  - 低筋面粉　50g
  - 无盐奶油　20g
- 糖浆
  - 细砂糖　30g
  - 水　60g
- 枫糖鲜奶油
  - 动物性鲜奶油　120g
  - 枫糖浆　15g
  - 水蜜桃（罐头）　适量

准备器具

- 6英寸不分离圆模（高5.5cm）
- 电动搅拌机
- 23cm调理盆（外加一个隔水加热盆）
- 打蛋器
- 刮刀
- 耐热玻璃杯（融化奶油用）

烤箱温度

- 180℃

做法

- 基础制作

1 参见76页“海绵蛋糕制作”完整步骤，先做出一颗原味海绵蛋糕。

- 制作糖浆

2 将糖浆的用料煮至沸腾后，待凉备用。

- 打发鲜奶油

3 将鲜奶油及枫糖浆放入调理盆中打至七八分发（参见技巧 4如何成功打发鲜奶油）。

- 分割

4 海绵蛋糕从侧面中间处横切成2等份。

3

4

• 夹馅

5 在切开的蛋糕表面，先拍上糖浆，让海绵蛋糕表面湿润即可。

POINT! 糖浆若是刷上，会造成海绵蛋糕表面起屑，所以要用拍湿的方式。食谱中的糖浆分量，是方便制作的量，不用全部用完，仅需拍湿蛋糕表面即可。

6 将水蜜桃每半颗切成3片，再摆在蛋糕上。

7 将步骤3的枫糖鲜奶油抹上，并留下一些（约莫1/4），用以涂抹另一片切片蛋糕的顶饰用。

8 将另一切片海绵蛋糕轻压上，拍上糖浆并随意抹上剩余的鲜奶油即完成。

食譜

遇见红茶白巧克力奶油蛋糕

Black Tea And White Chocolate Cake

爱品茶、也嗜甜食的你，就将茶香醇厚的锡兰红茶加入蛋糕，再轻抹上雅致柔纯的白巧克力风味鲜奶油，在茶香、巧克力柔婉间慢慢品尝高雅风味。

食材

- 海绵蛋糕
  - 鸡蛋　2颗
  - 细砂糖　50g
  - 鲜奶　2小匙
  - 低筋面粉　50g
  - 无盐奶油　20g
  - 红茶包
    1包（2.5g）
- 白巧克力鲜奶油
  - 动物性鲜奶油　150g
  - 白巧克力　20g
  - 兰姆酒　1/4小匙
  - 奇异果　1.5颗

烤箱温度

- 180℃

准备器具

- 25cm方形模（高5cm）
- 电动搅拌机
- 23cm调理盆
  （外加一个隔水加热盆）
- 打蛋器
- 刮刀
- 耐热玻璃杯
  （融化奶油、巧克力用）
- 刮板

做法

模具铺纸

1　先将烤模铺上烘焙纸（或白报纸）。

打发全蛋及混拌材料

2　将鸡蛋与砂糖放入调理盆，将其打发至用搅拌棒舀起蛋液，流下的蛋液如缎带般堆叠、且暂时不易消失（参见技巧5 如何成功的打发全蛋）。

3　装有蛋液的调理盆加热至微温，在拿开热水的同时，就可将无盐奶油及红茶包装入一个耐热玻璃杯（或小调理盆）中，放在热水中隔水加热至奶油融化。奶油融化后即熄火，但仍继续保温在热水中不取出。

POINT!　无盐奶油需维持温热的温度（约60℃），之后才会比较容易与面糊混拌。

4　参见76页“海绵蛋糕制作”步骤4~6之鲜奶、粉类、奶油的混拌。

倒入模具

5　将面糊倒入模具中，用刮板抹平，并提起模具轻敲桌面2~3下，以赶出面糊中的气泡。

POINT!　请先将面糊往烤盘的四个角落确实铺满，再来抹平，如此蛋糕出炉时才会是完整方正的。

1

3

5-1

5-2

5-3

7-1

- **烘烤**

6 放进经过预热的烤箱，180℃烤10分钟左右，至轻压表面有弹性、整体有均匀的烤色，以蛋糕探针或竹签刺入不粘黏，就可出炉。

- **脱模与冷却**

7 出炉时，一手抓着烘焙纸将海绵蛋糕从模具中拉出，平移至蛋糕冷却架上，先撕开四边的烘焙纸并静置，待海绵蛋糕冷却后，再翻面撕除底部烘焙纸。

- **分割**

8 将海绵蛋糕切成均等的2等份。

- **制作白巧克力鲜奶油**

9 将白巧克力装在耐热玻璃杯（或小调理盆）中并隔水加热至融化。

10 将鲜奶油、融化的白巧克力及兰姆酒放入调理盆中打至七八分发（参见技巧4 如何成功打发鲜奶油）。

- **夹馅**

11 奇异果去皮切丁。

12 先取1片切片的海绵蛋糕，抹上约莫3/4量的白巧克力鲜奶油，再撒上奇异果丁。

13 再将另一片切片海绵蛋糕盖上并轻轻按压，最后将剩余的白巧克力鲜奶油随意涂抹于顶部。送进冰箱冷藏30~60分钟，待定形再分切。

- **分切**

14 切除蛋糕四边不规则的部分，再分切成喜爱的块状。

POINT! 分切有奶油馅或奶油夹层的蛋糕时，可将蛋糕刀置于瓦斯炉火上方加热一会儿，再下刀分切，如此蛋糕切口会较平整漂亮。每切一刀，即需擦净蛋糕刀上的奶油，再置于炉火上加热，然后下刀分切，如此重复至分切完毕。

7-2

8

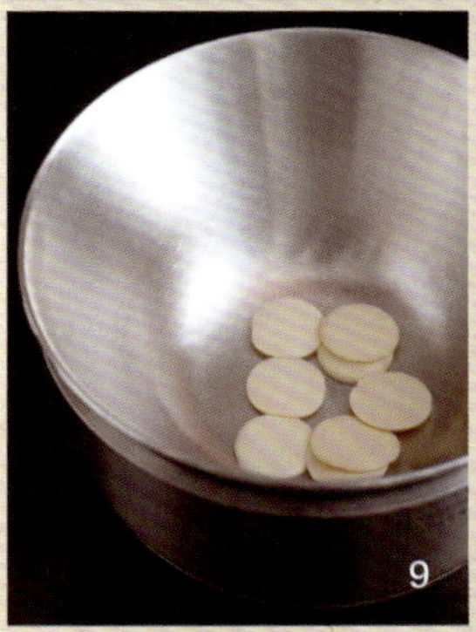
9

12-1

12-2

13-1

13-2

14

食譜

一块惬意摩卡奶油蛋糕

Mocha Cake

手中握着一杯摩卡，

好似握住潇洒、握住自在，也握住忙里偷闲的惬意。

食材

- 海绵蛋糕
  - 鸡蛋　2颗
  - 细砂糖　50g
  - 鲜奶　2小匙
  - 低筋面粉　50g
  - 无盐奶油　20g
  - 夏威夷果仁碎　20g

- 摩卡鲜奶油
  - 无糖可可粉　4g
  - 即溶咖啡粉　1g
  - 热水　1.5小匙
  - 动物性鲜奶油　160g
  - 细砂糖　25g
  - 卡鲁哇咖啡酒　1/2小匙

- 装饰
  - 防潮可可粉　适量
  - 夏威夷果仁　适量

准备器具

- 25cm方形模（高5cm）
- 电动搅拌机
- 23cm调理盆
  （外加一个隔水加热盆）
- 打蛋器
- 刮刀
- 刮板

烤箱温度

- 180℃

做法

- 模具铺纸

1 先将烤模铺上烘焙纸（或白报纸）。

- 打发全蛋及混拌材料

2 参见76页“海绵蛋糕制作”完成步骤2~5之打发全蛋、鲜奶及粉类混拌。

3 最后将隔水加热融化的无盐奶油，分2~3次慢慢地淋在刮刀上，让刮刀先承接奶油，让奶油能四散至面糊表面再混拌均匀，最后加入夏威夷果仁碎略拌匀即可。

- 倒入模具

4 将面糊倒入模具中，用刮板抹平，提起模具轻敲桌面2~3下，以赶出面糊中的气泡。

POINT! 请先将面糊往烤盘的四个角落确实铺满，再来抹平，如此蛋糕片出炉时才会是完整方正的。

- 烘烤

5 放进预热后的烤箱，180℃烤10分钟左右，至轻压表面有弹性、整体有均匀的烤色、蛋糕探针或竹签刺入不粘黏即可出炉。

- 冷却与静置

6 出炉时，一手抓着烘焙纸将海绵蛋糕从模具中拉出，平移至蛋糕冷却架上，先撕开四边的烘焙纸并静置，待海绵蛋糕冷却后再翻面撕除底部烘焙纸。

- 分割

7 海绵蛋糕切成均等的2等份。

注：步骤4~7图文对照参见“遇见红茶白巧克力奶油蛋糕”的步骤5~8。

- 制作摩卡鲜奶油

8 先将无糖可可粉、即溶咖啡粉及热水搅拌均匀即制成摩卡液，放一旁待凉备用。

9 将鲜奶油、细砂糖放入调理盆中，打至浓稠，再加入摩卡液及卡鲁哇咖啡酒继续打至七八分发，用搅拌棒舀起鲜奶油尖角会缓缓弯下（参见技巧4如何成功打发鲜奶油）。

- 夹馅

10 先取1片切片的海绵蛋糕，抹上约莫3/4量的摩卡鲜奶油。

11 再将另一片切片海绵蛋糕盖上并轻轻按压，最后将剩余的摩卡鲜奶油随意涂抹于顶部。送进冰箱冷藏30~60分钟，待定形再分切。

注：步骤10~11图文对照参见“遇见红茶白巧克力奶油蛋糕”的步骤12~13。

- 分切

12 筛上防潮可可粉装饰蛋糕顶部。

13 切除蛋糕四边不规则的部分，再分切成喜爱的块状，装点一些夏威夷果仁等即完成。

POINT! 涂抹奶油馅或奶油夹层的蛋糕分切时，可将蛋糕刀置于瓦斯炉火上方加热一会儿，再下刀分切，如此蛋糕切口会较平整漂亮。每切一刀，即需擦净蛋糕刀上的奶油，再置于炉火上加热，然后下刀分切，如此重复至分切完毕。

1

3

8

9

食谱

覆盆子抹茶瑞士卷

Matcha Swiss Roll

轻柔地呵护这季节的恩赐，也将感恩的心
缓缓地卷进绵柔的蛋糕中~

食材

- 海绵蛋糕
  - 鸡蛋 3颗
  - 细砂糖 60g
  - 鲜奶 25g
  - 低筋面粉 45g
  - 抹茶粉 1大匙
  - 无盐奶油 20g
- 香缇鲜奶油
  - 动物性鲜奶油 120g
  - 细砂糖 12g
    兰姆酒 1/4小匙
  - 覆盆子适量
    （也可用水蜜桃、草莓或其他水果代替）

准备器具

- 25cm方形模（高5cm）
- 电动搅拌机
- 23cm调理盆
  （外加一个隔水加热盆）
- 打蛋器
- 刮刀
- 刮板
- 擀面棍

烤箱温度

- 170℃

做法

模具铺烘焙纸

1 先将烤模铺纸。

打发全蛋及混拌材料

2 参见76页“海绵蛋糕制作”，完成步骤2~6之打发全蛋、鲜奶以及粉类的混拌，且将低筋面粉与抹茶粉一起筛入面糊并混拌。

倒入模具

3 将面糊倒入模具中，用刮板抹平，并提起模具轻敲桌面2~3下，以赶出面糊中的气泡。

POINT！ 请先将面糊往烤盘的四个角落确实铺满，再来抹平，如此蛋糕出炉时才会是完整方正的。

3-1

3-2

3-3

- 烘烤

4 放进经过预热的烤箱，170℃烤12分钟左右，至轻压表面有弹性、整体有均匀的烤色、以蛋糕探针或竹签刺入不粘黏即可出炉。

- 脱模与冷却

5 出炉时，一手抓着烘焙纸将海绵蛋糕从模具中拉出，平移至蛋糕冷却架并撕开四边的烘焙纸（除底部外），稍降温（约莫3~5分钟）。

6 待海绵蛋糕降温后，覆盖一张比海绵蛋糕还大的烘焙纸，右手伸进蛋糕下方并一鼓作气逆时针翻转即可翻面，再撕开原本底部的烘焙纸，最后再盖上一张烘焙纸再翻面一次。

POINT！ 若发现蛋糕表皮粘黏于烘焙纸上，表示表皮尚未烤熟而粘黏，下次可再延长烘烤时间或是上火提高10℃。

- 分切

7 在蛋糕靠近自己的这一端，以每间隔1cm距离切2道刀痕（为开始卷起端），且不要切断蛋糕体。另离自己较远那一端（为尾部收口端）斜切。最后盖上一张烘焙纸防干燥。

POINT！ 每间隔1cm距离切2道刀痕，可让蛋糕卷中心处的卷起弧度较漂亮，而远端斜切则可使蛋糕卷尾端密合处贴合。

POINT！ 静置蛋糕、等待涂馅料之前，轻覆一张烘焙纸（白报纸）在上面，可防止蛋糕水分散失。并建议于20~30分钟内即开始涂馅卷起，因为静置于空气中过久的话，蛋糕水分会散失，以至于卷起时容易裂开。

- 制作香缇鲜奶油

8 将鲜奶油、细砂糖、兰姆酒放入调理盆中打至七八分发（参见技巧4 如何成功打发鲜奶油）。

- 夹馅及卷切

9 将海绵蛋糕抹上香缇鲜奶油，而尾端仅需抹上薄薄一层即可，再摆上覆盆子。

10 将擀面棍放在烘焙纸下方，并用擀面棍借由卷起烘焙纸时，同步将蛋糕拉起并往前略推。

11 为了不让中间卷起处太粗，可稍微轻压一下。

12 再继续拉起烘焙纸并顺势一鼓作气向前推，像卷寿司卷一般。

13 卷好时，擀面棍压在烘焙纸上，稍施力往回顶，收紧。

POINT！ 收紧的动作能让蛋糕卷紧密不松散。

14 最后让尾端收口向下，两端的烘焙纸卷紧，放进冰箱冷藏1~2小时至定形。

15 分切时，先切除蛋糕两边不规则的部分。

POINT！ 涂抹奶油馅或奶油夹层的蛋糕分切时，可将蛋糕刀置于瓦斯炉火上方加热一会儿，再下刀分切，如此蛋糕切口会较平整漂亮。每切一刀，即需擦净蛋糕刀上的奶油，再置于炉火上加热，然后下刀分切，如此重复至分切完毕。

5
6-1
6-2
6-3
7-1
7-2
9-1
9-2
10
11
12
13
14-1
14-2

C

磅蛋糕

磅蛋糕是最能细尝到奶油香气的甜点品项，
风味甚是迷人。看似简单的磅蛋糕，制作时却有着许多学问，
一不小心就造成油水分离。另外介绍一种免用泡打粉的全蛋打发法，
分享给喜爱纯粹食材风味的烘焙迷们。

学会打发奶油后的烘焙练习

食谱1
清新柠檬磅蛋糕

食谱2
带我走杯子蛋糕

食谱3
双重享受香蕉可可磅蛋糕

食谱4
再恋芒果优格磅蛋糕（全蛋打发法）

食谱5
柳橙邂逅起士夹心蛋糕（全蛋打发法）

先懂基础！磅蛋糕制作诀窍

全蛋混合

1　准备材料时，使用确实回温的奶油和常温鸡蛋。

2　请确实打发奶油至变白、松发绒毛状。

3　加入鸡蛋混拌时，务必少量加入。

4　磅蛋糕降温后，要即刻密封保存。

全蛋打发

1　请确实打发鸡蛋。

2　以切拌的手法混拌粉类，以免消泡。

3　无盐奶油要维持在45~50℃，才好混拌。

Pound cakes

技巧 6

如何成功打发奶油?

奶油在西式糕点中扮演着极重要的角色，是风味的来源，
更是口感润泽的来源，其应用之广从蛋糕、饼干、派塔，至各式风味奶油馅，
无一不见其踪迹，奶油为糕点带来口感上丰富的感受。

而打发奶油的作用，是为使奶油饱含空气，让糕点的口感不厚重。
要成功将奶油打发，几个注意事项请一定要先遵守：

不建议使用含盐奶油

一般糕点制作采用的是无盐奶油，不建议使用含盐奶油，若使用含盐奶油会让糕点产生咸味，如果是特意制造此味觉感受的话，则不在此限。

奶油需先回软再使用

使用前，请先将无盐奶油置于室温回软，其最佳硬度为手指可以轻易插入。奶油若过软或过硬，都无法将空气充分打入，最佳的奶油硬度是手指不需用力，即可轻易地插入奶油中。

准备器具

- 调理盆
- 电动搅拌机
- 刮刀

步骤 1　先压拌砂糖于奶油中

室温软化后的无盐奶油及砂糖放入调理盆中，将砂糖先压拌入无盐奶油中。

POINT！ 将砂糖压拌入无盐奶油中，可防止接下来用电动搅拌机高速搅打时，砂糖四处喷溅的情况。

步骤 2　拌好的奶油需为松发绒毛状

再用电动搅拌机高速打发至奶油颜色变白、变得松发。

POINT！ 开始搅打前，奶油颜色是乳黄色，而当持续搅打至奶油中充满空气时，其颜色会变白、体积会增加、状态会呈现松发绒毛状。

NEXT

只要能确实打发奶油，能做的甜点可是很多很多的，举凡奶香湿润的磅蛋糕、酥脆的饼干、丰富多样性的甜塔，这些可都要利用到打发奶油的技巧呢。

接下来，我们就分成3个段落，依序来介绍磅蛋糕、饼干以及甜塔的制作。

原味基本款

先懂基础！磅蛋糕制作与失误解析

磅蛋糕(Pound Cake)属于重奶油面糊，
基本配方是奶油：糖：蛋：面粉=1：1：1：1，各为1磅，名字也因此而来。
磅蛋糕比起戚风蛋糕、海绵蛋糕来说，工序手法相对简单，而最重要的一点，
即是要避免“油水分离”，下列工序及注意事项请务必遵守，
如此才能做出质地细致、口感湿润的成功的磅蛋糕。

食材

- ○ 无盐奶油　100g
- ○ 细砂糖　80g
- ○ 常温鸡蛋　2颗
- ○ 低筋面粉　100g
- ○ 无铝泡打粉　1小匙
- ○ 鲜奶　2大匙

准备器具

- ○ 磅蛋糕模　容量700ml（18cm×9cm×6cm）
- ○ 电动搅拌机
- ○ 23cm调理盆
- ○ 刮刀

烤箱温度

- ○ 170℃

全蛋混合法

● 模具铺纸

1 磅蛋糕模内先铺上白报纸(或烘焙纸)。

● 打发奶油霜

2 将室温软化的无盐奶油与砂糖打发至奶油颜色变白、变为松发绒毛状(参见技巧6 如何成功打发奶油)。

● 加入蛋液

3 取用配方中的低筋面粉2大匙，放于打发的奶油霜中并拌匀。

POINT！ 先加入2大匙的面粉，可防止加入鸡蛋时，乳化不成功而造成油水分离。

4 将鸡蛋打散，以每次约1~2大匙的量加入打发的奶油霜中，每加一次都要仔细搅拌至蛋液吸收，才能再加入下一次，完成时的面糊会呈现滑顺状。

POINT！ 请务必使用常温鸡蛋，从冰箱取出的鸡蛋，先放室温1~2小时以回到室温，或是隔水加热至不冰的程度亦可。鸡蛋温度过低，会让奶油变硬，不易与鸡蛋乳化而造成油水分离。

POINT！ 鸡蛋需少量少量地加入，让奶油霜吸收后再倒入，这慢慢乳化的过程能让蛋糕体质地细致，而过量的蛋液会让奶油来不及乳化，而造成油水分离。

1

2

3

4-1

4-2

5

- 拌入粉类

5 将低筋面粉、泡打粉一起筛入，以刮刀仔细地拌匀至看不见粉类且呈现光泽。

- 加入风味

6 最后加入鲜奶，一样搅拌均匀。

6-1

- 入模与烘烤

7 将面糊倒入已经铺白报纸的磅蛋糕模中，用刮刀将表面略抹平，再于桌面轻敲2~3下，让面糊均匀填满角落。

8 放进预热后的烤箱，170℃烤35分钟左右，以蛋糕探针或竹签刺入不粘黏即可。烘烤约10分钟后，面糊表面已稍变硬、已结皮，可用水果刀于面糊中心纵向划一刀。

POINT! 若在面糊中心划这一刀的话，蛋糕的裂口会较平整，若不划，蛋糕会有自然的爆发裂纹亦可，依个人喜爱而定。

POINT! 需待面糊表面已结皮再划一刀，如此裂口会如同刀痕般笔直，若面糊还呈现稀软状态，划下去这一刀也会是徒劳无功的。

- 脱模与冷却

9 出炉后，将模具从10~15cm高处轻落桌面，并立即脱模放在蛋糕冷却架上，至手能触摸的温度即可撕除白报纸，再静待蛋糕体降至微温，立即用保鲜盒、保鲜袋密封起来至冷却。

6-2

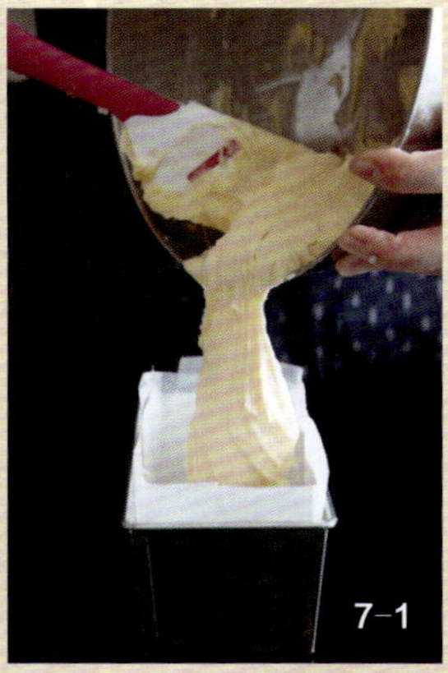
7-1

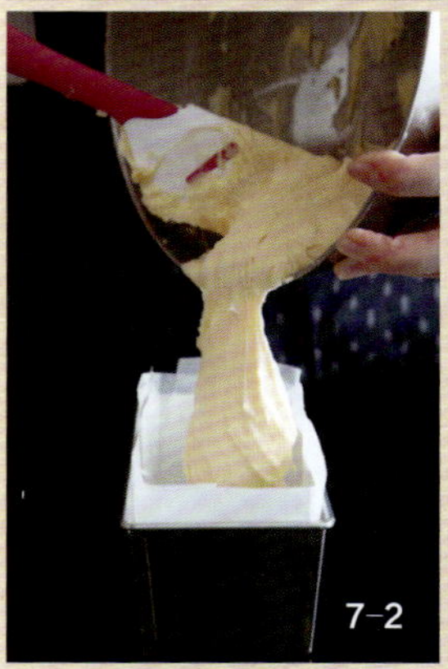
7-2

8

9-1

9-2

全蛋打发法

磅蛋糕一定得加泡打粉吗? 那可不一定。
Betty再多介绍一种手法，利用制作海绵蛋糕的全蛋打发技巧，
我们一样可以烤出中央有着膨发山脊的磅蛋糕，
而且质地更是细致呢。

食材

- 无盐奶油 100g
- 细砂糖 80g
- 常温鸡蛋 2颗
- 低筋面粉 100g
- 鲜奶 2大匙

准备器具

- 磅蛋糕模 容量700ml (18cm×9cm×6cm)
- 电动搅拌机
- 23cm调理盆 (外加一个隔水加热盆)
- 打蛋器
- 耐热玻璃杯(融化奶油用)

烤箱温度

- 170℃

做法

● 模具铺纸

1 磅蛋糕模内先铺上白报纸(或烘焙纸)。

● 打发全蛋及混拌材料

2 调理盆内放入鸡蛋与砂糖，将其打发至用搅拌棒舀起蛋液，流下的蛋液如缎带般堆叠、可清楚写8字暂时不易消失(参见技巧5 如何成功打发全蛋)。

3 当装着蛋液的调理盆加热至微温，并且拿开热水的同时，就可将无盐奶油装入一个耐热玻璃杯(或小调理盆)中，放在热水中隔水加热至融化，奶油融化后即熄火，但仍继续保温在热水中不取出。

POINT! 无盐奶油维持在温热的温度(约45~50℃)，接下来就会较易与面糊混拌。

4 鲜奶加入步骤2打发的全蛋中拌匀。

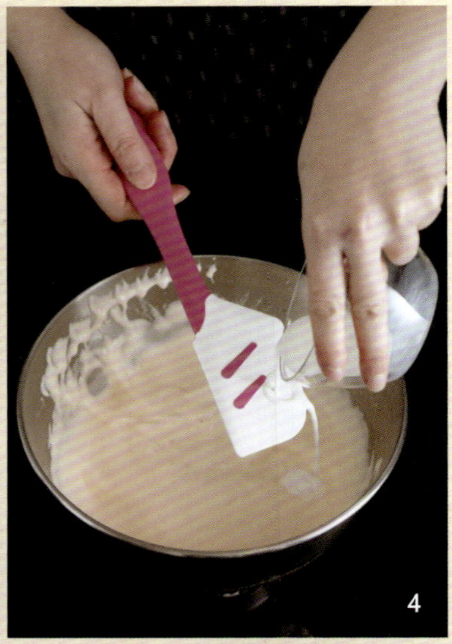

- 切拌的手法

5 再将低筋面粉筛入面糊，以切拌的方式轻柔地拌至均匀。

POINT! 混拌粉类时，为不破坏全蛋打发的气泡，用刮刀从盆底轻柔地将面糊舀起，而折下的同时将刮刀转为直立（如同拿菜刀般）从远往近身处切开，一直重复此动作，似在写日文“の”般，并适时转动调理盆，让每个地方的面糊都能搅拌到，务必轻柔地重复动作至拌匀。

6 最后将隔水加热融化的无盐奶油，分多次慢慢地淋在刮刀上，让刮刀先承接奶油，让奶油能四散至面糊表面再混拌均匀。

POINT! 将奶油先倒在刮刀上，能让奶油分散至面糊表面，可防止奶油一股脑倒入而沉到面糊底部不易混拌。

- 倒入模具

7 将面糊倒入模具，用刮刀将表面略抹平，再于桌面轻敲2~3下，让面糊均匀填满角落。

- **烘烤**

8　放进经过预热的烤箱，170℃烤35分钟左右，至蛋糕探针或竹签刺入不粘黏即可出炉。烘烤约10分钟后，面糊表面已稍变硬、已结皮，可用水果刀于面糊中心纵向划一刀。

POINT! 若在面糊中心划这一刀的话，蛋糕的裂口会较平整，若不划，蛋糕会有自然的爆发裂纹亦可，依个人喜爱而定。

POINT! 需待面糊表面已结皮再划一刀，如此裂口会如同刀痕般笔直，若面糊还呈现稀软状态，划下去这一刀也会是徒劳无功的。

- **脱模与冷却**

9　出炉时，将模具从10~15cm高处轻落桌面，立即脱模并放在蛋糕冷却架上，再静待蛋糕体降至微温撕除白报纸，立即用保鲜盒、保鲜袋密封起来至冷却。

Q

怎样才算成功的磅蛋糕呢？

我们先来说说磅蛋糕外观需呈现出怎样的样貌，

才算是烤出成功的磅蛋糕，

接下来，再一一剖析什么原因造成磅蛋糕外观的不理想。

- 成功的磅蛋糕中央有着膨发的山脊。
- 蛋糕质地细致。
- 整体有均匀的烤色。

如此状态的磅蛋糕，

入口才会感受到蛋糕体的细致湿润。

常见失败点1

Q 做磅蛋糕常被叮咛要避免"油水分离"，什么是油水分离状态？

鸡蛋加入奶油中并均匀混合的过程叫"乳化"，乳化成功的面糊质地滑顺，若乳化不成功，造成油水分离的面糊质地如破碎四散的豆花，且蛋糕成品的质地也会是粗糙的。

失败！油水分离

常见失败点2

Q 磅蛋糕面糊出现油水分离了，还能补救吗？

在油水分离的初期，也就是看见面糊已稍微出现不滑顺、呈现些许"碎豆花"状时，即快速加入配方中一半的面粉量进去搅拌，面粉能帮助吸收分离的水分，还能稍微补救油水分离的状况。

常见失败点3

Q 我的磅蛋糕为何口感干硬，质地粗糙，甚至吃起来像“粿”？

磅蛋糕在糕点制作中，常被归类于适合新手的初级甜点，虽工序不难、食材也不繁琐，但是常见到油水分离的状况，导致口感不佳，而造成油水分离的原因为：

1　奶油未确实放室温软化

奶油需软化至手指不需用力即可轻易插入的程度，如此的软度才能轻易打发。

2　鸡蛋温度过低

低温的鸡蛋会使得奶油硬化，造成乳化的过程失败。

正常状态　　**油水分离状态**

常见失败点4

Q 烤好的磅蛋糕表面为何有一层厚厚的粉衣？

入模之前做防黏处理时，若未将多余的粉末敲掉抖落，则蛋糕出炉脱模后，蛋糕表面会容易形成一层厚厚的粉衣，影响口感及视觉。

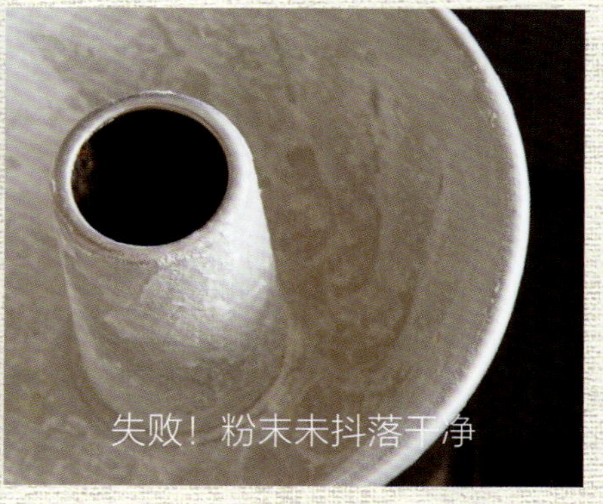

失败！粉末未抖落干净

常见的保存问题1

Q 出炉的磅蛋糕要如何保存？

磅蛋糕出炉一脱模立即放在蛋糕冷却架上，至手能触摸的温度即可撕除白报纸，再待蛋糕体降至微温，立即用保鲜盒、保鲜袋密封室温保存，甚至有些水蒸气都没关系，湿气会让蛋糕体变得湿润。千万不要将磅蛋糕直接“裸放”在室温环境中，这可是会让蛋糕体的水分蒸发掉，最后变得干硬、口感不佳的。

常见的保存问题2

Q 磅蛋糕放置隔天后，蛋糕表面摸起来变得有点湿湿的，正常吗？

隔天食用磅蛋糕的风味会是最佳的，经过一夜的静置，蛋糕体表面摸起来会有点湿湿润润的回润现象，这是正常的，不用担心，此时整个蛋糕体风味绝对与刚出炉时大大不同。

刚出炉的蛋糕，各食材有着自己独特的个性，各自彰显表现着，但是耐心地等待一晚让食材彼此融合交融，蛋糕体整体的风味更上一层楼，口感也更润泽，所以老话一句，好东西是需要时间等待的。

食谱

清新柠檬磅蛋糕

Lemon Pound Cake

这柠檬风味磅蛋糕可是磅蛋糕界中的超级经典款，也是历久不衰的常青款，喜爱清新风味的你，可是绝对不要错过喔。

食材

- ● 柠檬磅蛋糕
- ○ 无盐奶油　100g
- ○ 细砂糖　100g
- ○ 常温鸡蛋　2颗
- ○ 低筋面粉　100g
- ○ 无铝泡打粉　1小匙
- ○ 新鲜柠檬汁　1.5大匙
- ○ 柠檬皮末　1/3颗

- ● 顶饰 柠檬糖霜
- ○ 糖粉　50g
- ○ 新鲜柠檬汁　2~3小匙
- ○ 柠檬皮末　1/4颗

烤箱温度

- ○ 170℃

准备器具

- ○ 磅蛋糕模　容量700ml
（18cm×9cm×6cm）
- ○ 电动搅拌机
- ○ 23cm调理盆
- ○ 刮刀
- ○ 刨丝器

做法

● 模具铺纸

1 磅蛋糕模内先铺上白报纸（或烘焙纸）。

● 打发奶油霜

2 先将砂糖与柠檬皮末用手抓拌一会儿，让柠檬皮中的精油香气渗透至砂糖中。

3 将室温软化的无盐奶油与步骤2的砂糖打发至奶油颜色变白、变为松发绒毛状（参见技巧6 如何成功打发奶油）。

● 加入蛋液及粉类

4 参见100页“磅蛋糕制作”中“全蛋混合法”，完成步骤3~4。

5 将低筋面粉、泡打粉一起筛入，以刮刀仔细拌匀至看不见粉类且呈现光泽为止。

● 加入风味

6 最后加入柠檬汁，一样搅拌均匀。

● 入模烘烤与脱模冷却

7 参见100页“磅蛋糕制作”中“全蛋混合法”，完成步骤7~9。

1

2

3

5

8

● 顶饰

8 制作柠檬糖霜：将糖粉与柠檬汁拌匀，再随意地淋在已冷却的磅蛋糕上，趁柠檬糖霜尚未凝固，轻撒上柠檬皮末。

POINT！ 柠檬汁不用一次全加入，先预留0.5~1小匙的量，再视糖霜稠度来斟酌。

食譜

带我走杯子蛋糕

Tiramisu Cup Cake

小巧的杯子蛋糕，向来是婉约淑女的心头好，品尝起来状态优雅，分量也是那么的恰好适中呢，顶饰的奶油馅更是各家争奇斗艳发挥创意的好舞台！

食材

- 蛋糕
  - 无盐奶油　100g
  - 细砂糖　100g
  - 常温鸡蛋　2颗
  - 低筋面粉　85g
  - 无铝泡打粉　1小匙
  - 无糖可可粉　15g
  - 卡鲁哇咖啡酒　1大匙

- 顶饰
  - 马斯卡彭起士　150g
  - 蜂蜜　15~25g（视喜爱甜度斟酌）
  - 巧克力糖珠　适量

烤箱温度

- 170℃

准备器具

- 6连马芬模
- 电动搅拌机
- 23cm调理盆
- 刮刀
- 防油纸模（47mm×37mm）

做法

• 铺纸模

1 6连马芬模摆上6个防油纸模。

POINT！ 若无马芬模的话，亦可选用硬式纸模，如此则可不需马芬模来支撑。

• 打发奶油霜

2 将室温软化的无盐奶油与砂糖打发至奶油颜色变白、变为松发绒毛状（参见技巧6 如何成功打发奶油）。

• 加入蛋液

3 参见100页“磅蛋糕制作”中“全蛋混合法”，完成步骤3~4。

• 拌入粉类

4 将低筋面粉、泡打粉、无糖可可粉一起筛入，以刮刀仔细拌匀至看不见粉类且呈现光泽。

• 加入风味

5 最后将卡鲁哇咖啡酒倒入并拌均匀。

• 入模与烘烤

6 将面糊装入挤花袋，装填约八分满，再放进经过预热的烤箱，170℃烤20~25分钟，以蛋糕探针或竹签刺入不粘黏即可。

• 脱模与冷却

7 出炉后，立即脱模并放在蛋糕冷却架上待凉备用。

• 顶饰

8 将顶饰材料马斯卡彭起士、蜂蜜拌至滑顺，再随意涂抹在杯子蛋糕上，最后可撒上几颗巧克力糖珠装饰即完成。

食谱

双重享受香蕉可可磅蛋糕

Banana & Chocolate Pound Cake

香蕉和谁最是契合呢，答案200%绝对是巧克力无误！那就贪心地一次尽情地品尝这两种风情吧～

食材

- 无盐奶油　150g
- 细砂糖　120g
- 常温鸡蛋　3颗

巧克力磅蛋糕

- 低筋面粉　42g
- 无糖可可粉　8g
- 无铝泡打粉　1/2小匙
- 鲜奶　1.5大匙

香蕉磅蛋糕

- 低筋面粉　100g
- 无铝泡打粉　1小匙
- 香蕉　70g（约1条中型香蕉）

准备器具

- 咕咕霍夫蛋糕模
  直径18cm
  （容量1000ml）
- 电动搅拌机
- 23cm调理盆2个
- 刮刀

烤箱温度

- 170℃

做法

- 模具防粘黏处理

1 先于咕咕霍夫模内的每个角落皆抹上分量外的一层薄奶油，再轻撒上高筋面粉，让整个模具滚一圈，待模具每个角落都沾上面粉后，再轻敲抖落多余的面粉，即完成防粘黏处理，最后送冰箱冷藏备用。

- 打发奶油霜

2 将室温软化的无盐奶油与砂糖打发至奶油颜色变白、变为松发绒毛状（参见技巧6 如何成功打发奶油）。

- 加入蛋液

3 参见100页“磅蛋糕制作”中“全蛋混合法”的完成步骤3~4，而2大匙的低筋面粉则取用于香蕉磅蛋糕配方中的低筋面粉。

- 制作香蕉磅蛋糕

4 将步骤3的面糊先取2/3。

5 将香蕉磅蛋糕配方中的低筋面粉、泡打粉一起筛入，以刮刀仔细拌匀至看不见粉类且呈现光泽。

6 最后将香蕉用叉子压成泥后，倒入面糊中搅拌均匀，倒入模具中并轻敲2~3下让面糊平整。

POINT ! 建议用表皮已开始变黑的香蕉，此时熟度最佳、风味最香浓。

- 制作巧克力磅蛋糕

7 取用步骤3剩下的面糊。

8 将巧克力磅蛋糕配方中的低筋面粉、无糖可可粉、泡打粉一起筛入，以刮刀仔细拌匀至看不见粉类且呈现光泽，再将鲜奶也拌入至均匀，最后再倒入模具中，用刮刀将表面略抹平。

- 入模与烘烤

9 放进经过预热的烤箱，170℃烤40分钟左右，以蛋糕探针或竹签刺入不粘黏即可。

- 脱模与冷却

10 出炉后，将模具从10~15cm高处轻落桌面，立即脱模并放在蛋糕冷却架上，再静待蛋糕体降至微温，立即用保鲜盒、保鲜袋密封起来至冷却。

食谱

再恋芒果优格磅蛋糕

Mango Yogurt Pound Cake

嗜食果干的Betty，总是一直在寻觅好吃的果干，似乎是一种想把水果鲜甜的记忆一直长留在味蕾的执拗情愫~尤其是爱文芒果是台湾夏季里最具代表性的水果，酷热的炎夏就是该大啖鲜甜多汁芒果的季节，而过了炎夏呢？没关系，还是有着风味更是浓缩、果肉口感厚实的芒果果干可以继续依恋着。

食材

- 磅蛋糕
  - 常温鸡蛋　2颗
  - 细砂糖　80g
  - 原味优格　2大匙
  - 低筋面粉　100g
  - 无盐奶油　100g
  - 芒果果干　50g

- 顶饰
  - 白巧克力　适量
  - 芒果果干　适量
  - 糖珠　适量

烤箱温度

- 170℃

准备器具

- 磅蛋糕模　容量700ml（18cm×9cm×6cm）
- 电动搅拌机
- 23cm调理盆（外加一个隔水加热盆）
- 打蛋器
- 三明治袋
- 耐热玻璃杯（融化奶油用）
- 小调理盆（融化巧克力用）

做法

- 模具铺纸

1　磅蛋糕模内先铺上白报纸（或烘焙纸）。

- 打发全蛋及混拌材料

2　参见103页“磅蛋糕制作”中“全蛋打发法”，完成步骤2~6，步骤4的鲜奶以原味优格取代。

3　最后将切成约1cm丁状的芒果干倒入略拌即可。

- 倒入模具与烘烤脱模

4　参见103页“磅蛋糕制作”中“全蛋打发法”，完成步骤7~9。

- 顶饰

5　将白巧克力放入小调理盆中并隔水加热至融化后，倒入三明治袋中，并剪一小缺口，随意淋在磅蛋糕上。

6　趁巧克力尚未凝固，可以将适量的切丁芒果干及糖珠装点上。

食谱

柳橙邂逅起士夹心蛋糕

Orange & Mascarpone Layer Cake

磅蛋糕除了可以不用泡打粉来制作，Betty还要再进一步告诉大家，磅蛋糕还可以用植物油来取代奶油呢，且操作工序也较省事，而口感呢，更是轻柔不厚重～

食材

- 橙香磅蛋糕
- ○ 常温鸡蛋　2颗
- ○ 细砂糖　80g
- ○ 柳橙汁　2大匙
- ○ 低筋面粉　100g
- ○ 柠檬皮末　1/3个
- ○ 植物油　100g

- ○ 马斯卡彭起士100g

- 柳橙凝乳
- ○ 鸡蛋　1个
- ○ 砂糖　45g
- ○ 柳橙汁　40g
- ○ 柠檬汁　10g
- ○ 无盐奶油　25g

准备器具

- ○ 6英寸圆形蛋糕模
- ○ 电动搅拌机
- ○ 23cm调理盆
  （外加一个隔水加热盆）
- ○ 打蛋器
- ○ 厚底平底锅
- ○ 刮刀

烤箱温度

- ○ 170℃

做法

- 模具防粘黏处理

1 圆形模内每个角落先抹上分量外的一层薄油，再轻撒上高筋面粉，整个模具滚一圈，让模具每个角落都沾上面粉后，再轻敲抖落多余的面粉，即完成防粘黏处理，最后送冰箱冷藏备用。

- 打发全蛋及混拌材料

2 先将砂糖与柠檬皮末用手抓拌一会儿，让柠檬皮中的精油香气渗透至砂糖中。

3 参见103页“磅蛋糕制作”中“全蛋打发法”，完成步骤2~6，步骤4的鲜奶以柳橙汁取代。步骤4的无盐奶油以植物油取代。

- 倒入模具与烘烤

4 参见103页“磅蛋糕制作”中“全蛋打发法”，完成步骤7~8，放进经过预热的烤箱，170℃烤25分钟左右，以蛋糕探针或竹签刺入不粘黏即可出炉。

- 脱模与冷却

5 出炉时，将模具提高于10~15cm处轻落桌面，再倒扣于蛋糕冷却架上，并取下模具静置待降温。

• 制作柳橙凝乳

6 将无盐奶油切小丁并放室温软化。

7 取一厚底平底锅将鸡蛋、砂糖、柠檬汁、柳橙汁依序倒入锅中并拌匀，开火加热，加热期间持续搅拌至浓稠且开始冒泡即离火。

POINT! 需煮至锅中央冒大泡，如此才能将生鸡蛋中的细菌杀灭。

8 趁热倒入步骤6的无盐奶油并搅拌至均匀，再贴覆一张保鲜膜于凝乳上，最后隔水降温至冷却。

POINT! 保鲜膜需完全贴覆在凝乳上，勿悬空地贴在锅缘上，可防止水蒸气滴落在凝乳中。

POINT! 隔水降温采用渐进式降温，私心建议先泡常温水一会儿，再泡冰水，可防止冷热温差过大造成锅子的损伤。

• 组合

9 取步骤8的柳橙凝乳70~80g，与马斯卡彭起士拌至滑顺无颗粒即完成柳橙凝乳起士酱。

10 再将步骤5的磅蛋糕横向剖半，取底部那片蛋糕并将步骤9的柳橙凝乳起士酱随意涂抹后，再覆盖顶部那片蛋糕且轻轻按压，顶层可撒上防潮糖粉装饰。

Betty's Baking Tips

1 凝乳配方中的分量是较易操作的分量，故剩下的凝乳可装瓶冷藏保存，用来涂抹面包、司康等，都好好吃呢。

2 亦可用新鲜百香果汁取代柳橙汁，变成百香果凝乳风味也很棒。

5

7

8-1

8-2

9

10-1

10-2

10-3

10-4

LESSON2
BASIC DOUGH & COOKIES ,TARTS, PIES
第2课 基础面团&饼干、塔、派

只要学会奶油打发与基础面团制作，就能延伸出许多的甜点变化，

包含大人小孩都爱的各式饼干，以及不同形式的甜塔与派。

Dough & Cookies , Tarts, Pies

pyrex

D

饼干

学会奶油打发之后，可以用于制作饼干，
这里要分享给大家的是糖油混拌法和无蛋无奶油的配方，
同时配搭不同样式的饼干外观。

学会饼干制作后的烘焙练习

食谱1
美式榛果饼干

食谱2
清脆优格小饼干（无蛋无奶油配方）

食谱3
糖霜饼干

先懂基础！饼干制作诀窍

1 糖油混拌时，仅需将奶油与糖粉搅打至均匀。

2 拌面糊手法需持续"一左一右"，大范围在调理盆内切拌。

3 舀面糊于烤盘上时，面糊与面糊间一定要预留空隙。

4 出炉后，放冷却架上先冷却再密封保存。

cookies

技巧 7

制作饼干的重点与变化有哪些？

饼干绝对是老少咸宜的点心，不仅适合当作茶点。
自家严选材料手工制作出来的饼干，没有多余的添加剂，
才是更能放心提供给家人。

材料的温度

所有材料请回复室温再操作。如此可避免搅打时奶油与鸡蛋的分离。

过度搅拌会使饼干变硬

混合粉类时，不要过度搅拌以免出筋。所谓的“出筋”是指：面粉中含有蛋白质，而蛋白质遇到水经由搅拌即会产生筋性，因此若是过度搅拌，可是会让饼干口感变硬、不酥松喔。

糖油比例影响口感

饼干的配方一般为面粉：奶油：糖=2：1：1，但有人担心太甜，所以减少了糖的比例；喜爱酥松口感的人，则可以变化一下油的比例，改为面粉：奶油：糖=3：2：1。不管是哪一种，饼干的配方比例皆无绝对的定案，也并非如比例公式般的死板，可根据个人喜爱的口感来斟酌变化，你也可以创造出自己喜爱的饼干。

了解以上重点后，我们就来尝试糖油混拌法以及无蛋无奶配方，做出不同风味的饼干吧。

Q

怎样才算成功的饼干呢?

我们先来说说饼干外观需呈现出怎样的样貌，
才算是烤出成功的饼干，
接下来，再一一剖析什么原因造成饼干外观的不理想。

- 整体有均匀的烤色。
- 口感酥脆且外观金黄色。

烤过熟

厚薄不均

烤色不均

常见失败点1

Q 为何我的饼干颜色不均，有的深、有的浅？

POINT! 饼干厚度大小形状要一致

饼干的厚度、大小、形状请尽量一致，因为在同一烤盘中烘烤，若大小、形状不一，可是会让面团烘烤上色状况不同，进而影响熟度、外观及口感。

POINT! 依据烘烤状况微调时间

若依照食谱烤温、烘烤时间设定，但是饼干依旧尚未烤成金黄色，则提高烤温10℃，或是延长时间试试。反之，若是依照食谱烤温、烘烤时间设定，而饼干上色太快，甚至烤色过深，则降低烤温10℃，或是缩短时间试试。

POINT! 已烤熟的饼干先取出

若在烘烤时已经有饼干上色烤熟的话，就先取出吧，可是不要等到整盘烤好才一并取出喔！

POINT! 察颜观色以免上色不均

烤饼干要随时察颜观色，因为烤箱或多或少都存在着火力不均的状况。烘烤时，若发现一边已经上色，而一边还是白白的话，就要“立刻将烤盘掉头”。

常见失败点2

Q 为何饼干的质地好硬，不酥松？

POINT! 制作前先让奶油软化

制作饼干面团前，奶油需放室温软化至手指可以轻易插入的程度，若奶油过硬或是过软，都无法将空气打入，就会使得饼干口感不酥松了。

POINT! 避免面糊搅拌过度以至出筋

必须用刮刀切拌，确实拌匀奶油糊与面粉，也就是拿刮刀时，就像拿菜刀般的直立状，持续“一左一右”大范围在调理盆内的切拌，另一手则适时地转动调理盆，直至奶油糊与面粉均匀地混合“切拌”且成团，最后再压拌几下即可。

若是规则绕圈、用力搅拌则会让面团出筋影响口感。

食谱

美式榛果饼干

Hazelnut Cookie

美式饼干的外形总是豪放不羁，没一个一样的，每个饼干都有各自的独特样貌，而这也是家庭手工制作饼干的乐趣，每取用一个时，请先好好端详手中这饼干的独特性，就像自己生的小孩子，虽然个个是“同一工厂”产出，但是每一个就是有着自己与生俱来的性格与脾气，每一个就是那么的不一样。

食材

- 无盐奶油　80g
- 糖粉　40g
- 常温鸡蛋　30g
- 低筋面粉　120g
- 榛果　50g

准备器具

- 电动搅拌机
- 23cm调理盆
- 刮刀
- 汤匙

烤箱温度

- 150℃

制作分量

- 约24颗

做法

● 制作奶油糊

1 将室温软化的无盐奶油与糖粉放进调理盆中，接着压拌糖粉，将其拌入无盐奶油中，再用电动搅拌机搅打至均匀即可。

POINT ! 制作饼干时，奶油不需要像制作磅蛋糕般打至颜色变白、变为松发绒毛状。仅需将奶油与糖粉搅打至均匀即可，若奶油打得过发，出炉的饼干容易龟裂。

2 打散鸡蛋，分4~5次加入打发的奶油霜中，每加一次都要仔细搅拌至蛋液吸收，才能再加入下一次，完成时的面糊会呈现滑顺状。

● 筛入粉类

3 再将面粉筛入，刮刀要像拿菜刀般的直立状，持续一左一右大范围在调理盆内切拌，另一手则适时地转动调理盆,直至奶油糊与面粉混合且略成团，再将榛果倒入略拌一下，最后再压拌几下即可。

POINT ! 请用烤培过的熟坚果，若是生的话，可用烤箱以150℃低温烘烤至上色，或是用平底锅以小火慢炒至上色且出现油光为止,待凉备用。

POINT ! 加入粉类后不要过度搅拌，以免面团出筋而影响口感。

● 塑形

4 将烤盘铺上烤焙垫或烘焙纸，用汤匙舀取适量的面糊(约13g)并间隔2~3cm的距离，依序舀入，约可制作24颗饼干。

POINT ! 舀取的面糊量尽量不要大小差太多，如此烘焙的熟度才会一致喔。

POINT ! 面糊与面糊间一定要预留空隙，因为面糊加热后就会摊开一些。

● 烘烤

5 放进经过预热的烤箱，150℃烤25分钟直至呈现金黄色即熄火，出炉后放冷却架上，冷却后再密封保存。

1-1
1-2
2-1
2-2
3-1
3-2
3-3
4
5

食谱

清脆优格小饼干

Yogurt Cookie

有时想抽离繁杂琐事，飞到一个清净、舒服、无多余打扰的清静之境，而味蕾呢？试试不用奶油、不用鸡蛋来制作饼干，取而代之的是轻盈的植物油、轻爽的优格，绝对会是个大大不同的味蕾新体验。

食材

- 低筋面粉　200g
- 糖粉　60g
- 盐　1小撮
- 植物油　80g
- 原味优格　40g
- 砂糖　适量

准备器具

- 23cm调理盆
- 刮刀

烤箱温度

- 150℃

做法

● 制作饼干面团

1 将低筋面粉、糖粉、盐放入调理盆中并和匀，再依序将植物油及优格倒入，用刮刀要像拿菜刀般的直立状，持续一左一右大范围在调理盆内切拌，另一手则适时地转动调理盆，直至食材均匀混合且成团，最后再压拌几下即可。

● 塑形

2 将步骤1的面团略捏塑成长条状，再用保鲜膜包覆起来，塑成长条状，截面为边长4cm的正方形。

POINT！只要将面团均匀用力地在桌面上敲打，即可塑成截面为正方形的长条。

3 再将面团放进冰箱冷藏约20~30分钟至略定形。

4 取出后，于侧面滚上一圈砂糖，再切成约0.5cm厚的片，摆到烤盘上，每片间隔2~3cm的距离。

● 烘烤

5 再放进预热后的烤箱，150℃烤25分钟直至呈现金黄色即熄火，出炉后放冷却架上，冷却后即可密封保存。

食谱

糖霜饼干

Icing Cookie

总希望饼干能不那么千篇一律，能多点丰富色彩、多点心思巧意，就能让你的手工饼干有完全不同的面貌喔。

食材

- 饼干
  - 无盐奶油　100g
  - 糖粉　70g
  - 常温鸡蛋　50g
  - 低筋面粉　200g
- 顶饰
  - 糖粉　200g
  - 新鲜柠檬汁　2.5大匙
  - 开心果　适量
  - 蔓越莓果干　适量

准备器具

- 电动搅拌机
- 23cm 调理盆
- 刮刀
- 约6.5cm的心形压膜
- 擀面棍

烤箱温度

- 150℃

制作分量

- 23~24颗

- 制作奶油糊

1 室温软化的无盐奶油与糖粉放入调理盆，将糖粉压拌入无盐奶油中，再用电动搅拌机搅打至均匀即可。

POINT！ 制作饼干时，奶油不需要像制作磅蛋糕般打至颜色变白、变为松发绒毛状。仅需将奶油与糖粉搅打至均匀即可，若奶油打得过发，出炉的饼干容易龟裂。

1-1

2 再将鸡蛋打散，分4~5次加入打发的奶油霜中，每加一次都要仔细搅拌至蛋液吸收，才能再加入下一次，完成时的面糊会呈现滑顺状。

1-2

- 筛入粉类

3 依序将面粉筛入，用刮刀要像拿菜刀般的直立状，持续一左一右大范围在调理盆内切拌，另一手则适时地转动调理盆，直至奶油糊与面粉均匀地混合且成团，最后再压拌几下即可。

POINT！ 加入粉类后不要过度搅拌，以免面团出筋而影响口感。

- 塑形

4 将面团用保鲜膜包覆起来，并略压平，放至冰箱冷藏30分钟至略定形为止。

5 从冰箱取出后，将面团擀成约0.6cm厚的片，再用压模压出心形，剩余的面团聚集成团后，再擀成0.6cm厚的片并继续压模。

POINT！ 在操作时，可适时在桌面撒些食材列表外的高筋面粉防粘黏。

POINT！ 若无心形压模，亦可选用喜爱的压模。建议压模可蘸一些高筋面粉，如此在压模时，可防粘黏亦好脱模。

6 在烤盘内铺上烤焙垫或是烘焙纸，摆上压好的面片，每个间隔2~3cm的距离。

- 烘烤

7 放进经过预热的烤箱，150℃烤25分钟直至呈现金黄色即熄火，出炉后放冷却架上冷却。

- 顶饰

8 先将开心果及蔓越莓果干切碎备用。

9 将糖粉与柠檬汁拌匀成滑顺状的糖霜，取饼干蘸覆并滴落多余的糖霜，趁糖霜未凝固前撒上开心果碎或是蔓越莓果干碎，并静置待糖霜凝固，即可密封保存。

POINT！ 在蘸覆糖霜时，若发现糖霜变得较稠或是较干时，可再酌量加点柠檬汁来调整稠度。

2-1
2-2
3-1
3-2
3-3
4
5-1
5-2
9-1
9-2
9-3
9-4

E

塔与派

奶油打发延伸的最后一个烘焙品项，
是受到许多人喜欢的塔和派。这里介绍糖油混拌法，
以及懒人新手也一定做得成的简易派皮，
可以自由填入喜爱的馅料。

学会塔、派制作后的烘焙练习

食谱 1
酸香柠檬塔

食谱 2
满满红豆抹茶塔

食谱 3
焦香蜜糖苹果塔

食谱 4
春意草莓塔

食谱 5
懒人的综合莓果派

先懂基础！塔、派制作诀窍

1 不要搅拌过度，以免面团出筋，甚至塔皮会紧缩。

2 务必确实松弛面团，放一晚为最佳，烘烤后才不会回缩或变形。

3 擀圆面团时，要注意擀的方式，边擀边将面团转动一下。

4 用叉子刺出孔洞，让烘烤时热气可以排出，塔皮就会平整。

5 烘烤时，刷上一层蛋液形成隔绝层，能让塔皮维持酥脆。

tarts & pies

技巧8

如何制作口感细致的甜塔?

饼、塔本一家，制作饼干与甜塔的技法几乎相同，
Betty甚至私心地认为，甜塔其实就是饼干的放大版、
华丽版罢了，只要会做饼干，甜塔就不是难事了。

至于为何说是华丽版呢? 因为甜塔里的馅料，
可说是包罗万象，举凡卡士达酱、酸香凝乳、杏仁奶油馅、
焦糖水果馅、巧克力、起士、慕斯等等，
可是让人口水流满地，快快快，一起来烤甜塔吧~
而制作甜塔的注意事项与饼干略同：

过度搅拌会使塔皮变硬

混合粉类时，不要过度搅拌以免出筋。所谓的“出筋”是指：面粉中含有蛋白质，而蛋白质遇到水经由搅拌即会产生筋性，因此若是过度搅拌，可是会让塔皮口感变硬、不酥松喔。

材料的温度

所有材料请回复室温再操作（除了简易派皮外）。如此可避免奶油与鸡蛋分离。

制作时，选用糖粉为佳

用糖粉来制作甜塔口感较细致，且糖粉与奶油的密合较高，而制作饼干时，则可依自己想营造出的口感来选择细砂糖或是其他种类的糖。

原味基本款

先懂基础！甜塔制作与失误解析

食材

- 无盐奶油　50g
- 糖粉　20g
- 盐　1小撮
- 常温鸡蛋　20g
- 低筋面粉　100g

准备器具

- 6英寸可分离塔模
- 23cm调理盆
- 电动搅拌机
- 刮刀
- 刮板
- 擀面棍
- 刷子

烤箱温度

- 180℃

做法

制作奶油糊

1　将室温软化的无盐奶油与盐及糖粉放入调理盆中，将糖粉压拌入无盐奶油中，再用电动搅拌机搅打至均匀即可。

POINT!　制作塔皮时，奶油不需要像制作磅蛋糕般打至颜色变白、变为松发绒毛状。仅需将奶油与糖粉搅打至均匀即可。

2　打散鸡蛋，分4~5次加入打发的奶油霜中，每加一次都要仔细搅拌至蛋液吸收，才能再加入下一次，完成时的面糊会呈现滑顺状。

筛入粉类

3　将面粉筛入，用刮刀要像拿菜刀般的直立状，持续一左一右切拌，另一手则适时地转动调理盆，直至看不见面粉，此时用刮刀再压拌几下成团即可。

POINT!　不要搅拌过度，以免面团出筋而影响口感，甚至塔皮会紧缩。

塑形

4　将面团用保鲜膜包覆起来，再用手略压平，放进冰箱冷藏松弛30分钟以上。

POINT!　能松弛一晚为佳，面团里的水分充分被面粉吸收，吃起来的塔皮口感不会粉粉的，口感最佳。

5　桌面撒上食材列表外的高筋面粉，将从冰箱取出的面团先整成圆形，再用掌心略压平，最后将面团擀成约0.4cm厚的圆片状塔皮。

POINT!　擀面团时，擀面棍要放在面团的中央，用手掌将擀面棍往前推，再放回中央，再用手掌将擀面棍往后推。每来回一次，就将面团转动一下，再持续上述的动作，如此多次之后，就能将面团擀成圆片状。

入塔模

6　利用擀面棍将塔皮卷起，移至塔模上方并轻轻放上。

POINT!　放塔皮时，不要压到擀面棍而切断了塔皮。若是尺寸较小的塔皮则不需用擀面棍，直接用手拿取即可。

1-1

1-2

2-1

2-2

3-1

3-2

3-3

4

5-1

7 将塔皮沿着模具铺平，尤其边缘处一定要与模具贴合。

8 将侧边多余的塔皮往下折，用刮刀从内往外刮除，再检视一下有无破损，或是哪边太薄，可将刮除的面团拿来修补。

9 最后将塔皮侧边用手指慢慢按压，再确定贴合。

10 用叉子在塔皮上叉出孔洞，再用密封袋密封起来，放进冰箱冷藏松弛30分钟。

POINT! 用叉子刺出孔洞，目的是让烘烤时的热气可以排出，出炉时塔皮的底部才会是平整的。

POINT! 经过压擀后，面团会产生筋性，所以再放入冰箱松弛可避免塔皮紧缩。

POINT! 甜塔皮(Pâte Sucrée)面团比较稳定，烘烤时不会内缩，所以进烤箱烘烤时可免压重石定形，但请务必确实松弛。

- 烘烤

11 刷上一层分量外的蛋液，放进经过预热的烤箱，180℃烘烤20~25分钟左右，至塔皮呈现金黄色。

POINT! 刷上一层蛋液可形成隔绝层，防止装填馅料的水分浸润了塔皮，而影响酥脆度。

12 出炉后放冷却架上至稍微降温即脱模，并待冷却备用。

Betty's Baking Tips

切除下来的多余塔皮可再聚合起来，用保鲜膜包覆，再用密封袋密封，约可冷冻保存一个月、冷藏存2~3天，等收集一定的量可再来做塔皮。

5-2
6-1
6-2
6-3
7
8-1
8-2
9
10-1
10-2
11

Q

怎样才是成功的塔皮呢？

我们先来说说塔皮外观需呈现出怎样的样貌，

才算是烤出成功的塔皮，

接下来，再一一剖析什么原因造成塔皮外观的不理想。

- 整体烤色均匀。
- 塔皮没有隆起或严重皱缩。

常见失败点1

Q 烘烤完成的塔皮，底部为何会鼓鼓地隆起？

POINT! 面团经过压擀、塑形后，会产生筋性，所以请确实放入冰箱松弛，此动作可避免塔皮紧缩。

POINT! 面团入模后，需用叉子刺出孔洞，目的是要让烘烤时热气可以排出，若无刺洞，则热气无处可宣泄，就有可能造成出炉时塔皮鼓起。

常见失败点2

Q 塔皮烘烤后为何整个缩小许多，口感也好硬？

POINT! 混拌粉类时，切记勿混拌过度，仅需用“切拌”的方式至略成团即可，否则面团一出筋，出炉后的塔皮不但缩小许多，连口感也不酥松喔！

POINT! 压擀出的面皮以及面皮入模贴合塔模时，厚度一定要一致，否则较薄的面皮因为很快就烤熟而紧缩起来。

POINT! 擀面团经过压擀后，一定要适时放回冰箱松弛，如此可以减低筋性的产生。

食谱

酸香柠檬塔

Lemon Tart

酸溜溜柠檬塔的滋味可真是甜蜜，哈哈，我知道这样讲着实很反差，但这柠檬塔可是会让人欲罢不能地爱上，不知不觉中心已徜徉在云端……

食材

- 塔皮
- 无盐奶油　50g
- 糖粉　20g
- 盐　1 小撮
- 常温鸡蛋　20g
- 低筋面粉　100g

- 柠檬凝乳
- 鸡蛋　50g
- 细砂糖　50~70g
　（视柠檬酸度斟酌）
- 新鲜柠檬汁　50g
- 无盐奶油　25g

烤箱温度

- 180℃

准备器具

- 6 英寸可分离塔模
- 23cm 调理盆
- 电动搅拌机
- 刮刀
- 刮板
- 擀面棍
- 刷子
- 打蛋器
- 硅胶刷（或毛刷）
- 厚底平底锅

做法

- 制作塔皮

1　参见 142 页“甜塔制作”完整步骤先完成塔皮。

- 制作柠檬凝乳

2　将无盐奶油切小丁并放室温软化。

3　取一厚底平底锅，依序将鸡蛋、砂糖、柠檬汁倒入锅中并拌匀，开火加热。加热期间持续搅拌至浓稠且开始冒泡即离火。

POINT！　需煮至锅中央冒大泡，如此才能将生鸡蛋中的细菌杀灭。

4　趁热倒入步骤 2 的无盐奶油并搅拌至均匀，再贴覆一张保鲜膜于凝乳上，最后隔水降温致冷却。

POINT！　保鲜膜需完全贴覆在凝乳上，勿悬空地贴在锅缘上，可防止水蒸气滴落在凝乳中。

POINT！　隔水降温采用渐进式降温，私心建议先泡常温水一会儿，再泡冰水，可防止冷热温差过大而造成锅子的损伤。

- 填馅料

5　将柠檬凝乳倒入塔皮中并略抹平，密封放冰箱冷藏 1~2 小时，待凝乳定形再食用，口感会较佳。

食谱

满满红豆抹茶塔

Redbeans & Matcha Tart

一杯绿茶，

一缕雅致的抹茶香，

加上蜜红豆的香甜与松绵，哇~这个午茶风情好和风。

食材

- 塔皮
  - 无盐奶油　80g
  - 糖粉　30g
  - 盐　1 小撮
  - 常温鸡蛋　25g
  - 低筋面粉　160g

- 顶饰
  - 蜜红豆　适量
  - 防潮糖粉　适量

- 抹茶卡士达幕斯琳
  - 蛋黄　3颗
  - 细砂糖　60g
  - 低筋面粉　23g
  - 抹茶粉　1.5小匙
  - 鲜奶　300g
  - 无盐奶油　45g

烤箱温度

- 180℃

准备器具

- 9英寸可分离塔模
- 23cm 调理盆
- 电动搅拌机
- 刮刀
- 刮板
- 擀面棍
- 刷子
- 打蛋器
- 厚底平底锅
- 19cm 调理盆（混拌卡士达奶油用）
- 挤花袋
- 电子温度计

做法

- 制作塔皮

1　参见142页“甜塔制作”完整步骤先完成塔皮。

- 制作抹茶卡士达慕斯琳

2　将无盐奶油切小丁，并放室温软化。

3　取一个19cm调理盆，依序倒入蛋黄、一半的细砂糖、过筛的低筋面粉、抹茶粉拌匀。

4　再取一个厚底平底锅，先倒入鲜奶以及一半的细砂糖，煮至锅缘冒小泡即熄火。

POINT！ 鲜奶一加热，锅缘便会产生一层结皮，造成耗损以及影响口感，若加点砂糖则可避免此情形发生。

4

5 将煮热的鲜奶先少量分次倒入步骤3的面糊中，待整体滑顺后，再全部倒入并搅拌均匀。

6 将滤网架在厚底平底锅上，将步骤5的奶面糊过滤一下。

7 过滤后开中大火加热，加热期间持续搅拌，并注意锅底边缘一定要搅拌到，当水分煮得越来越少时，会容易结块以及烧焦。需煮至浓稠且锅子中央开始冒大泡即离火。

POINT! 需煮至锅中央冒大泡，若用温度计测量此时温度在80~85℃间。

Betty's Baking Tips

若喜欢卡士达慕斯琳的口感更丝滑，可将配方中的面粉一半替换成玉米粉。

8 先贴覆一张保鲜膜于卡士达慕斯琳上，最后隔水降温至约40℃，再将步骤2的无盐奶油加入，搅拌至均匀即可。

POINT! 隔水降温采用渐进式降温，私心建议先泡常温水一会儿，再泡冰水，可防止冷热温差过大造成锅子的损伤。

POINT! 保鲜膜需贴覆在卡士达慕斯琳上，而非覆盖在锅缘上，可防止卡士达慕斯琳结皮。

- 填馅料

9 将抹茶卡士达慕斯琳倒入塔皮中并抹平。

- 顶饰

10 沿着塔皮缘撒上蜜红豆。

11 可于四周撒上防潮糖粉装饰。

5-1

5-2

6

7

8-1

8-2

9

10

食谱

焦香蜜糖苹果塔

Caramel & Apple Tart

小巧的塔，有着微隐焦香的苹果丁、淡柔的肉桂香，

以及隐隐成熟微苦的焦糖酱帮衬，整个好丰富~

食材

- 塔皮
- 无盐奶油　55g
- 糖粉　25g
- 盐　1小撮
- 常温鸡蛋　20g
- 低筋面粉　110g

烤箱温度

- 180℃

- 焦糖酱
- 砂糖　100g
- 水　40g
- 动物性鲜奶油　120g

- 焦糖苹果
- 砂糖　40g
- 水　15g
- 苹果切丁　200g
- 无盐奶油　10g
- 肉桂粉　约1/4小匙（视喜爱斟酌）

准备器具

- 直径7cm（高2.5cm）塔模5个
- 23cm调理盆
- 电动搅拌机
- 刮刀
- 刮板
- 擀面棍
- 刷子
- 厚底平底锅
- 木匙

做法

- 制作奶油糊与筛入面粉

1 参见142页“甜塔制作”，先完成步骤1~4。

2 桌面撒上食材列表外的高筋面粉，取40g面团先整成圆形，再用掌心略压平，最后将面团擀成约0.4cm厚的圆片状塔皮，一共做5个。

POINT！ 擀面团时，擀面棍要放在面团的中央，用手掌将擀面棍往前推，再放回中央，再用手掌将擀面棍往后推。每来回一次，就将面团转动一下，再持续上述的动作，如此多次之后，就能将面团擀成圆片状。

- 入塔模

3 参见142页“甜塔制作”，完成步骤 6~10。

- 烘烤

4 刷上一层分量外的蛋液后，放入经过预热的烤箱，180℃烘烤20~25分钟左右，至塔皮呈现金黄色。

5 出炉后放冷却架上，稍微降温即脱模，待冷却备用。

Betty's Baking Tips

入塔模时，记得塔皮要确实贴合塔模底部，否则出炉后的塔皮就会如下图呈现不规则状，成品就不够好看了！

制作焦糖酱

6 取一厚底平底锅先放入砂糖，再将水沿着锅缘一圈慢慢倒入，再开火熬煮，熬煮期间千万不要搅拌。

POINT！ 水沿着锅缘一圈倒入，可让锅子四周被水浸润，砂糖也能均匀地慢慢溶化，让加热效果更均匀。

POINT！ 熬煮期间切记"不可以"搅拌，一搅拌会让未溶化的砂糖颗粒拌入溶化的砂糖中，而形成再度结晶，会让将焦糖表面形成一层薄砂。但可以稍微晃动帮助溶化均匀。

7 煮至溶化的砂糖呈现咖啡色即熄火。

8 将鲜奶油少量、缓缓地倒入，并用木匙慢慢搅拌均匀，此时温度很高会喷溅，请小心。

POINT！ 鲜奶油勿一次大量倒入，不但会喷溅，且也会让砂糖结块。

9 再度开小火，加热约1分钟左右即熄火，倒入耐热容器中待降温后，即可放冰箱保存。

POINT！ 配方中的分量是较易操作的分量，多余的部分可用于冰淇淋、松饼、咖啡、蛋糕等。

制作焦糖苹果

10 将苹果切成约1.5cm的丁状，将无盐奶油切小丁并放室温软化。

POINT！ 因为苹果要连皮吃，建议使用有机苹果为佳。

11 取一厚底平底锅，先放入砂糖，再将水沿着锅缘一圈慢慢倒入，再开火熬煮，熬煮期间千万不要搅拌（参照步骤6）。

12 煮至溶化的砂糖呈现咖啡色即熄火（参照步骤7）。

13 依序将切丁苹果、奶油倒入并拌匀，让苹果都裹上焦糖液即可，如此苹果还依然保有脆度。

14 起锅前，放入肉桂粉再拌匀，起锅备用。

填馅料

15 先舀一大匙的焦糖酱倒入塔皮中。

16 再舀入适量的焦糖苹果装填入塔皮即完成。

6

7

8

13-1

13-2

15

16

食譜

春意草莓塔

Strawberry Tart

娇嫩艳红的草莓，总是能牢牢抓住人们的目光，清新莓果的特有香气，带着隐隐的酸香，草莓季时可不要忘了也来装点个草莓塔吧！

食材

- 塔皮
- ○ 无盐奶油　50g
- ○ 糖粉　20g
- ○ 盐　1 小撮
- ○ 常温鸡蛋　20g
- ○ 低筋面粉　100g

- 杏仁奶油馅
- ○ 无盐奶油　50g
- ○ 砂糖　50g
- ○ 常温鸡蛋　50g
- ○ 杏仁粉　70g
- ○ 兰姆酒　1 小匙

- 顶饰
- ○ 草莓果酱　适量
- ○ 草莓、蓝莓　适量
- ○ 动物性鲜奶油　50g
- ○ 砂糖　4g
- ○ 兰姆酒　1/8小匙
- ○ 杏桃果酱　2大匙
- ○ 热水　2小匙

烤箱温度

- ○ 180℃

准备器具

- ○ 6英寸可分离塔模
- ○ 23cm调理盆
- ○ 电动搅拌机
- ○ 刮刀
- ○ 刮板
- ○ 擀面棍
- ○ 刷子
- ○ 挤花袋
- ○ 花嘴

做法

• 制作杏仁奶油馅

1　室温软化的无盐奶油及砂糖先放入调理盆，将糖粉压拌入无盐奶油中，再用电动搅拌机搅打至均匀即可。

2　打散鸡蛋，先取一半的量，每次约1~2小匙的量加入打发的奶油霜中，每加一次都要搅拌至蛋液吸收，才能再加入下一次，完成时呈现滑顺状。

POINT !　蛋液不要一次加太多，要让奶油糊充分吸收蛋液后才能再加，如此乳化完全的奶油糊才不会油水分离。

3　再倒入一半的杏仁粉并拌匀。

4　最后再重复一次步骤2~3，整体搅拌均匀后再加入兰姆酒也拌匀，放冰箱冷藏备用。

POINT !　先于前一天制作此杏仁奶油馅，此馅料可置于冰箱冷藏保存2~3天。

• 制作生塔皮

5　参见142页“甜塔制作”步骤1~10，先完成生塔皮。

• 填馅及烘烤

6　将步骤4的杏仁奶油馅取150~160g，先倒在塔皮上，再用汤匙略抹平，约装八分满即可。

7　放进经过预热的烤箱，180℃烤25分钟，至塔皮上色，用蛋糕探针或竹签刺入杏仁奶油馅不粘黏即可出炉。

3

8 出炉后放冷却架上稍降温即脱模，并待冷却备用。

- 顶饰

9 杏仁奶油馅塔皮上涂抹上一层草莓果酱备用。

10 将动物性鲜奶油、砂糖、兰姆酒放入调理盆中打至七八分发（参见技巧4如何成功打发鲜奶油），并装入挤花袋中，于塔皮上随意挤出线条。

POINT ! 这里所用的花嘴是三能SN7022。

11 再将切片的草莓、蓝莓摆放两侧。

12 将杏桃果酱与热水拌匀，刷在草莓上即完成。

POINT ! 若马上要食用，可不刷此果酱，但若非马上食用，刷上一层果酱，可形成一层保护层防止氧化，也有增加亮度的视觉效果。

Betty's Baking Tips

配方中的杏仁奶油馅是较易操作的分量，剩下的杏仁奶油馅可再做成迷你小塔。将剩下的塔皮，请依照“焦香蜜糖苹果塔”的方式取40g做成小塔皮后，每个小塔皮再装填35~40g的杏仁奶油馅，一样以180℃烤25分钟，至塔皮上色、用蛋糕探针或竹签刺入杏仁奶油馅不粘黏即可出炉，而顶饰可挤上香缇鲜奶油，放上草莓。

6-1

6-2

9

食谱

懒人的综合莓果派

Mixed Berry Pie

这简易派皮，不似传统千层派皮需要反复地层层压擀，只需动用你的手指头稍搓揉一下，就能享用与甜塔皮完全不同的口感，是极酥脆又具层次感的感受，重点是这款甜点不需动用模具、也不用塔模，是不是很棒呢～

食材

- 塔皮
  - 低筋面粉　80g
  - 盐 1/4　小匙
  - 无盐奶油　60g
  - 冰水　20g
- 内馅
  - 综合莓果　100g
  - 砂糖　25g
  - 玉米粉　10g

准备器具

- 23cm 调理盆
- 擀面棍
- 刷子
- 刮刀

烤箱温度

- 200℃

做法

● 制作简易派皮

1 奶油切丁后，先放冰箱冻硬。

2 将派皮的所有材料（除了冰水外）放进调理盆中，以双手手指搓捏成粉沙状。

3 再将冰水倒入，用刮刀压拌成团。

4 再用保鲜膜包覆起来并略压扁，放冰箱冷藏30分钟。

5 在桌面撒上食材列表外的高筋面粉，将面团擀成厚度0.4cm的圆片状备用。

POINT! 擀面团时，擀面棍要放在面团中央，用手掌将擀面棍往前推，再放回中央，再用手掌将擀面棍往后推。每来回一次，就将面团转动一下，再持续上述的动作，如此多次之后，就能将面团擀成圆片状。

● 制作内馅

6 将内馅材料全部拌匀即可。

● 填馅

7 将内馅铺满于派皮中央，但四周预留4~5cm不要铺内馅，并将预留的派皮向内折。

● 烘烤

8 刷上一层分量外的蛋液于派皮表面，再送进经过预热的烤箱，200℃烤20~25分钟，至派皮上色。

2
3
5-1
5-2
7-1
7-2
8

LESSON3

CHOUX PASTRY

第3课 泡芙面团

泡芙与一般甜点制作的技法不太相同，

是使用“烫面”的技巧来做，

故另辟一章节介绍这类需细心呵护、

容易失败的甜点。

Choux pastry

SILPAT
made in France

F

泡芙

泡芙是经由糊化面糊以饱含水分，
高温烘烤后，水蒸气的力量会使面糊鼓胀，
故泡芙内部呈现出大孔洞，
而可以填入丝滑的奶馅。

学会制作泡芙后的烘焙练习

食谱 1
抹茶珍珠糖泡芙

食谱 2
咖啡环形泡芙

食谱 3
巧克力沙布蕾泡芙

先懂基础！泡芙制作诀窍

1 选用牛奶制作面糊，泡芙的上色会更漂亮。

2 糊化面糊时，一定要沸腾冒大泡的温度才足够。

3 拌好后的面糊需为“缓慢地流下并呈现平滑无锯齿状的倒三角形”，而且尾部是拖长约4~5cm之状态。

4 烘烤时，切勿开关烤箱门，以免使泡芙消风。

5 泡芙需烤至整个裂纹都上色，才可出炉。

Choux pastry

技巧 9

如何制作出蓬蓬又裂纹漂亮的泡芙?

圆鼓鼓的身形，顶端有着如高丽菜般爆发的裂纹，内馅满是滑顺轻柔的奶酱，
这就是泡芙。泡芙看似是可人的小甜点，其实是对温度极度敏感的小恶魔，
制作过程中的诸多环节请务必要谨慎掌握，才能烤出“鼓鼓的、有爆发裂纹”的成功泡芙。
刚出炉泡芙那松脆的口感，以及迷死人的香气，唯有自家烘焙才能有福气品尝到啊。

选用牛奶会上色更漂亮

泡芙内部的空洞，是面糊中的水分经由高温而急速形成水蒸气，使得体积增加造成的，所以泡芙中的水分含量很高；使用一般的水或牛奶皆可，当然牛奶香气会更佳，上色也更漂亮。

用厚底平底锅来进行糊化

制作泡芙时，需经由烫面糊的操作，让淀粉充分吸收水分，进而“糊化”形成黏稠的面糊。糊化成功的面糊会有良好的延展性，才能膨胀得大大的，也才有漂亮的爆发裂纹。所以，为了让糊化能稳定地进行，建议采用厚底平底锅来操作，温控会较稳定。

烘烤时，开启烤箱会使泡芙消风

这是最重要的事，请确实遵守！就是烘烤期间绝对、绝对、绝对不要开烤箱（我知道，很多朋友都有偷瞄的习惯~）。因为烘烤时，若是一直开开关关家用烤箱的门，温度就会急剧下降，这可是会让好不容易在烤箱里慢慢努力长大的泡芙，因为冷空气一灌入就消风了。

食材比例决定口感

泡芙传统的比例为鸡蛋：水分：油脂：面粉=2：2：1：1，而使用鸡蛋多一点的，泡芙则会膨胀较大、皮较薄。若面粉高于油脂，则皮会较扎实；使用低筋面粉则皮膨胀度大且薄；用高筋面粉则膨胀度低且厚，可视个人喜爱的口感来变化。

原味基本款

先懂基础！泡芙制作与失误解析

食材

- 牛奶　100g
- 细砂糖　2小匙
- 盐　1小撮
- 无盐奶油　40g
- 低筋面粉　60g
- 常温鸡蛋　2~3颗

准备器具

- 厚底平底锅
- 刮刀
- 挤花袋
- 圆孔花嘴（直径1cm）
- 喷水器

制作分量

- 约8个

烤箱温度

- 200℃

做法

1 先拿一张烘焙纸，画出8个直径6cm的圆，再覆盖一张新的烘焙纸在上面，如此下面画圆的那张就不会弄脏，可以重复使用。

POINT！ 圆形与圆形间，需保留间距，因为一加热烘烤后，面糊可是会膨胀的。

POINT！ 将画圆的烘焙纸直接翻面使用也行。

2 将低筋面粉过筛，备用。

● 糊化面糊

3 将牛奶、细砂糖、盐、室温软化切小丁的无盐奶油，一起放进厚底平底锅中，开大火，加热至大沸腾。

POINT！ 一定要沸腾冒大泡，如此的温度才足够糊化面糊。

4 熄火，立即将过筛的低筋面粉倒入且快速搅拌均匀，再开小火持续搅拌，需拌至符合“面团可以成团”“呈现透明感”“锅底有薄膜”三要件，如此才是糊化完成，熄火。

- 加蛋液

5 待步骤4的糊化面糊温度降至60~65℃，则可以开始来加蛋液。

POINT! 面糊温度过高时，不适合加蛋液，会让鸡蛋煮熟了。

6 先打散1颗鸡蛋，并请分3次加入面糊中，且每次约加入1/3量的蛋液，并快速拌匀。刚开始面糊会分离，很难吃进蛋液，但是没关系，继续搅拌即可。

7 待面糊都吃进了蛋液，再打散1颗鸡蛋，加1/3量蛋液，再拌匀，如此重复，但是最后一次的蛋液请斟酌勿全下完，适时舀起面糊，若面糊“缓慢地流下”“呈现平滑无锯齿状的倒三角形，而且尾部拖长约4~5cm”则可停止加蛋液。

8 倘若蛋液已经全部加完，但是舀起的面糊并未呈现如上述所说的状态，则请再打散一颗鸡蛋，斟酌且少量加蛋液直至呈现上述状态为止。

POINT! 鸡蛋添加量是变动的，步骤3加热过程中水分蒸发的情况，以及步骤4糊化的状态，皆会影响蛋液的添加量。

- 填入挤花袋

9 将泡芙面糊填入装进圆孔花嘴的挤花袋中，沿着步骤1的圆形挤出面糊，共可挤出约8个。

POINT! 若有剩下的一些面糊，可挤些小泡芙一起进烤箱烘烤，不要浪费喔。

- 烘烤

10 最后喷水，送进经过预热的烤箱，200℃烤15分钟后，再降转180℃继续烤10分钟，最后熄火焖10分钟，直至裂纹都上色即可出炉。

POINT! 喷水目的是为了让泡芙表皮不要太早结皮，可以膨胀得更大。

Betty's Baking Tips

以上配方若再添加抹茶粉3g则是抹茶风味泡芙；若添加无糖可可粉5~6g，就是巧克力风味泡芙。

4-1

4-2

4-3

6

7-1

7-2

9-1

9-2

10

Q

怎样才是成功的泡芙呢？

我们先来说说泡芙外观需呈现出怎样的样貌，

才算是烤出成功的泡芙，

接下来，再一一剖析什么原因造成泡芙外观的不理想。

- 顶端有着如高丽菜般爆发的裂纹。
- 整体烤色均匀以及裂纹都上色。
- 泡芙里面有大孔洞。

如此才是外形漂亮、烤色均匀，

又能轻易填入馅料的完美泡芙。

常见失败点1

Q 我的泡芙为何是塌扁的，矮不隆咚的？

CHECK

如果泡芙出炉后，没有蓬蓬的外形、也没有漂亮的裂纹，甚至塌掉的话，请检视一下是否：

1 面粉糊化不够，或是糊化太久

面粉糊化至呈现透明感，聚集成团且锅底有薄膜才是完成。糊化不足的话，面粉无法饱含水分且延展性也不够；相反，糊化过久，水分也蒸发太多，甚至面糊中的油脂也会渗出，且面团会分散不再聚集成团。

失败！ 糊化过久

2 蛋液加太多

蛋液加太多，会使面糊变得稀软，因此烘烤后的面糊就往横向发展，不会向上膨起。正确的面糊稠度为“舀起面糊会缓慢流下、呈现滑顺的倒三角形状”，若一舀起面糊便咻一下滴落，那就是太稀了，这时建议你重做一份吧。

失败！ 面糊太稀

3 最后完成混拌的泡芙面糊必须是温热的

手触摸锅底是温温的，那就对了！因为面糊温度若是过低，便会使面糊黏性增加而影响蛋液添加量的判断，所以蛋液混拌的时间勿拖太久。

4 烤箱温度过低

面团中的水分，无法借由高温而形成水蒸气往上冲，所以面团就会长不高。

5 烘烤途中开烤箱

烘烤时，若是一直开开关关烤箱门，会让温度下降，使得遇热形成的水蒸气停止变化，就有可能造成泡芙的塌扁长不高。

成功与失败

正常

裂纹上色、烤色均匀，有着如高丽菜般爆发的裂纹。

裂纹没上色

不仅裂纹没上色，出炉后还容易扁塌消风。

蛋液太多

泡芙长不高，反而形状外扩了。

常见失败点2

Q 泡芙怎么一出炉就消风了?

泡芙尚未烤熟：必须烤至泡芙的裂纹都上色了，并且呈现金黄色泽，这样泡芙才算完全定形，如此就不会因温度的变化而消风，也只有这时才能开烤箱掉头烤盘，让不均的烤色均匀。

常见的保存问题1

Q 面糊若没办法一次挤完进烤箱怎么办?

剩下的面糊若马上就会使用，也就是下一盘即进烤箱烘烤，则请覆盖一张湿布防止干燥，并且加以保温，如放进保丽龙箱中。

若不是马上要进烤箱，可先挤在烤盘上再进冷冻室，等定形后，用密封袋或是保鲜盒冷冻保存。要食用时，直接进烤箱烘烤，只是时间需再拉长个5~10分钟。

食譜

抹茶珍珠糖泡芙

Matcha Chouquette

将泡芙做成一口小巧状，顶部撒满酥脆的甜甜珍珠糖粒，一出炉不用夹馅，单吃就极度美味，相信我，你会一口接一口，没几下，整罐就见底了~

食材

- 牛奶　50g
- 细砂糖　1 小匙
- 盐　1 小撮
- 无盐奶油　20g
- 低筋面粉　30g
- 抹茶粉　1.5g
- 常温鸡蛋　1~2 颗
- 珍珠糖　适量

准备器具

- 厚底平底锅
- 刮刀
- 挤花袋
- 星形花嘴
- 喷水器

制作分量

- 约 25~28 个

烤箱温度

- 180℃

做法

1　将低筋面粉、抹茶粉过筛备用。

- 糊化面糊与加蛋液

2　参见 169 页“泡芙制作”先完成步骤 3~8，并于步骤 4 中，将低筋面粉、抹茶粉一起筛入拌匀。

- 填入挤花袋

3　将泡芙面糊填入装着星形花嘴的挤花袋中，挤出直径约 3cm 大小的圆形，需保留间距，因为面糊一加热烘烤可是会膨胀的。

- 烘烤

4　最后喷水并撒上珍珠糖，送进经过预热的烤箱，180℃烤 15 分钟，再降转 170℃烤 10 分钟，直至裂纹都上色始可出炉。

POINT !　喷水目的是为了让泡芙表皮不要太早结皮，如此可以膨胀得更大。

3-1

3-2

4

食譜

咖啡环形泡芙

Coffee Choux Pastry

环形泡芙是为纪念巴黎和布列斯特间的自行车大赛而创造出来的，你瞧,这圆形的样子，是不是很像自行车的轮子呢，知道甜点的典故及由来，是不是也让吃进嘴里的食物更有感觉呢？

食材

- 咖啡泡芙
- ○ 鲜奶 100g
- ○ 无盐奶油 40g
- ○ 细砂糖 2小匙
- ○ 盐 1小撮
- ○ 低筋面粉 60g
- ○ 即溶咖啡粉 6g
- ○ 常温鸡蛋 2~3颗
- ○ 杏仁片 少许

制作分量

- ○ 约6个

- 咖啡卡士达奶油
- ○ 蛋黄 2颗
- ○ 细砂糖 40g
- ○ 低筋面粉 20g
- ○ 鲜奶 240g
- ○ 即溶咖啡粉 6g

- 咖啡酒鲜奶油
- ○ 动物性鲜奶油 120g
- ○ 细砂糖 12g
- ○ 卡鲁哇咖啡酒 1/2小匙

烤箱温度

- ○ 200℃

准备器具

- ○ 厚底平底锅
- ○ 刮刀
- ○ 挤花袋
- ○ 星形花嘴2个及圆孔花嘴1个（直径1cm）
- ○ 喷水器
- ○ 打蛋器
- ○ 19cm、23cm调理盆各一
- ○ 电子温度计

做法

1 先拿一张烘焙纸，画出6个直径8cm的圆，再覆盖一张新的烘焙纸在上面，如此下面画圆的那张就不会弄脏，可以重复使用。

POINT！ 圆形与圆形之间需保留间距，面糊一加热烘烤可是会膨胀的。

POINT！ 将画圆的烘焙纸直接翻面也行。

2 将低筋面粉过筛备用。

1

4

- 糊化面糊与加蛋液

3 参见169页“泡芙制作”完成步骤3~8，并于步骤3中，将即溶咖啡粉也一起倒入煮沸。

- 填入挤花袋

4 将泡芙面糊填入装进圆孔花嘴的挤花袋中，沿着步骤1的圆形挤出面糊，共可挤出约6个。

POINT！ 若有剩下的一些面糊，可挤些小泡芙一起进烤箱烘烤，不要浪费喔。

- 烘烤

5 最后随意撒上杏仁片再喷水，送进经过预热的烤箱，200℃先烤15分钟后，再降转180℃继续烤10分钟，直至裂纹都上色始可出炉。

- 制作咖啡卡士达奶油

6 取一个19cm调理盆，依序将蛋黄、一半的细砂糖、过筛的低筋面粉拌匀。

7 再取一个厚底平底锅，倒入鲜奶、即溶咖啡粉以及一半的细砂糖，煮至锅缘冒小泡即熄火。并先少量分次倒入步骤6的面糊中，待整体滑顺后再全部倒入拌匀。

POINT! 鲜奶一加热，锅缘便会产生一层结皮，造成耗损以及影响口感，若加点砂糖则可避免此情形发生。

8 将滤网架在厚底平底锅上，将步骤7的鲜奶糊过滤。

9 过滤后，开中大火加热，加热期间持续搅拌，并注意锅底边缘一定要搅拌到，当水分煮到越来越少时，会容易结块以及烧焦。需煮至浓稠且锅子中央开始冒大泡即离火，并贴覆一张保鲜膜于咖啡卡士达奶油上，最后隔水降温至冷却。

POINT! 需煮至锅中央冒大泡，若用温度计测量的话，此时温度在80~85℃之间。

POINT! 隔水降温采用渐进式降温，私心建议先泡常温水一会儿，再泡冰水，可防止冷热温差过大造成锅子的损伤。

POINT! 保鲜膜需贴覆在卡士达奶油上，而非覆盖在锅缘上，可防止卡士达奶油结皮。

- 制作咖啡酒鲜奶油

10 将制作咖啡酒鲜奶油的材料都放进调理盆中打至七八分发（参见技巧4 如何成功打发鲜奶油），再填进装有星形花嘴的挤花袋中。

- 组合

11 将咖啡卡士达奶油装填入装有星形挤花嘴的挤花袋中。

12 将泡芙横切一半，先取底皮，于底皮的中间空洞处先挤上一圈咖啡卡士达奶油。

POINT! 请尽量将泡芙的空洞填满为止。

13 再将咖啡酒鲜奶油挤上。

14 最后覆盖上泡芙的顶皮。

Betty's Baking Tips

若喜欢更丝滑口感的卡士达奶油，可将配方中的面粉一半替换成玉米粉。

7-1
7-2
7-3
8
9-1
9-2
12-1
12-2
12-3
13-1
13-2
14

食谱

巧克力沙布蕾泡芙

Chocolate Cookie Topped Choux Pastry

灌满丝绸绵柔的香草卡士达鲜奶油的泡芙已经够迷死人了，上头居然还要再覆盖一层巧克力风味的酥脆爽口沙布蕾饼皮，这样会不会太过分了呢？

食材

- 泡芙
  - 鲜奶 100g
  - 无盐奶油 40g
  - 细砂糖 2小匙
  - 盐 1小撮
  - 低筋面粉 60g
  - 常温鸡蛋 2~3颗

- 香草卡士达鲜奶油
  - 蛋黄 4颗
  - 细砂糖 80g
  - 低筋面粉 40g
  - 鲜奶 480g
  - 天然香草精 1/2小匙
  - 动物性鲜奶油 200g

- 巧克力沙布蕾
  - 无盐奶油 30g
  - 细砂糖 30g
  - 低筋面粉 25g
  - 无糖可可粉 5g

制作分量

- 约8个

烤箱温度

- 200℃

准备器具

- 厚底平底锅
- 刮刀
- 挤花袋
- 圆孔花嘴（直径1cm）
- 打蛋器
- 19cm、23cm调理盆各一
- 电动搅拌机
- 喷水器
- 电子温度计

做法

• 制作巧克力沙布蕾

1 将室温软化的无盐奶油与细砂糖放入调理盆中，将糖压拌入无盐奶油中，再用电动搅拌机搅打至均匀即可。

2 筛入低筋面粉、可可粉，并用刮刀拌匀，像拿菜刀般的直立状，持续一左一右切拌，另一手则适时地转动调理盆，直至奶油与面粉混合且略成团，最后再压拌几下即可。

3 最后将面团塑成直径约5cm的圆柱状，用保鲜膜包覆起来放进冰箱冷藏至少30分钟备用。

• 制作泡芙

4 参见169页“泡芙制作”完成步骤1~9。

• 覆盖沙布蕾

5 取出冷藏的巧克力沙布蕾，切成厚度约0.1~0.2cm的薄片，并轻覆在步骤4的泡芙上，最后再喷些水于泡芙上。

POINT! 沙布蕾切薄薄的就好，太厚的话，充满空气感的泡芙可是无法撑起这片天的。

POINT! 配方中的沙布蕾是较易操作的分量，而此次8个泡芙约使用到一半的沙布蕾，剩下的可用保鲜袋密封冷冻保存，下次还可再使用。

• 烘烤

6 最后送进经过预热的烤箱，200℃先烤15分钟后，再降转180℃继续烤10分钟，最后熄火焖10分钟，直至裂纹都上色即可出炉。

• 制作香草卡士达鲜奶油

7 取一个19cm调理盆,依序将蛋黄、一半的细砂糖、过筛的低筋面粉拌匀。

8 再取一个厚底平底锅，倒入鲜奶及一半的细砂糖，并煮至锅缘冒小泡即熄火。先少量少量地倒入步骤7的面糊中，待整体滑顺后再全部倒入并搅拌均匀。

POINT! 鲜奶一加热，锅缘便会产生一层结皮，造成耗损以及影响口感，若加点砂糖则可避免此情形发生。

9 将滤网架在厚底平底锅上，将步骤8的鲜奶糊过滤。

10 过滤后开中大火加热，加热期间持续搅拌，并注意锅底边缘一定要搅拌到，当水分煮到越来越少时，会容易结块以及烧焦。需煮至浓稠且锅子中央开始冒大泡即离火，并贴覆一张保鲜膜于卡士达奶油上，最后隔水降温至冷却备用。

POINT! 需煮至锅中央冒大泡，若用温度计测量此时的温度在80~85℃之间。

POINT! 隔水降温采用渐进式降温,私心建议先泡常温水一会儿,再泡冰水，可防止冷热温差过大造成锅子的损伤。

POINT! 保鲜膜需贴覆在卡士达奶油上，而非覆盖在锅缘上，可防止卡士达奶油结皮。

11 将鲜奶油打至七八分发(参见技巧4 如何成功打发鲜奶油)。

12 将卡士达奶油、天然香草精，以及步骤11的打发鲜奶油搅拌均匀后,填入装有圆孔花嘴的挤花袋中。

• 组合

13 将泡芙横切一半但不割断，于中间空洞处挤上满满的香草卡士达鲜奶油。

POINT! 横切泡芙时，若中间孔洞处有薄皮，请向下按压形成大孔洞，如此才能轻易将卡士达鲜奶油灌入。

Betty's Baking Tips

卡士达奶油制作详细图文对照参见180页“制作咖啡卡士达奶油”。

2-1

2-2

2-3

3

5-1

5-2

8

13-1

13-2

LESSON4
CLASSIC HOME DESSERTS
第4课 经典家常甜点

经典的家常甜点是人气不败款，更是烘焙食谱书中出现率极高的品项。
但往往最经典却不见得容易做成功，
到底制作时会有哪些小地方出错呢？精选11个美味品项解析，
还要多教你一款能快速上桌的蛋糕喔！

Classic
Home Desserts

食譜

樱桃克拉芙堤
Clafoutis

据说克拉芙堤原本的做法，是将整颗樱桃连同核一起烘烤的。而现今人们对食物的要求较精致，因此连樱桃核都帮食用者去掉了。克拉芙堤是款家常甜点，所以每个家庭都有喜爱的口味版本，风味口感各有特色，甚至将樱桃换成覆盆子、苹果、蓝莓、洋梨、奇异果、莓果或是新鲜樱桃等，只要是微酸水果都很适合。

食材

- 低筋面粉　30g
- 砂糖　30g
- 盐　1小撮
- 蛋液　75g
- 鲜奶　150g
- 天然香草精　1/4小匙
- 市售酒渍樱桃　适量

准备器具

- 400ml的烤皿（深度4cm）
- 19cm调理盆
- 打蛋器

烤箱温度

- 180℃

做法

• 制作面糊

1 将低筋面粉过筛，与砂糖、盐拌匀，再依序将蛋液、鲜奶、香草精倒入逐一拌匀，并静置半小时。

POINT！ 静置的目的是为了让食材味道融合。

• 烘烤

2 将烤皿内部涂上一层食材列表外的无盐奶油。

3 倒入面糊，再将樱桃摆入烤皿，即送进经过预热的烤箱，180℃烤30~35分钟，烤至上色且触摸表面有弹性即可。

2

3-1

3-2

Betty's Baking Tips

建议待稍降温，表面撒些糖粉，温温热热的最好吃。

食谱

高帽子荷兰松饼

Dutch Baby

荷兰松饼可是跟荷兰一点关系都没有，其实其发源地是德国，是道德国传统家庭松饼。在烤箱中因高温烘烤膨胀得有如一顶高高的绅士帽状，很可爱，而出烤箱温度一降，原本高耸漂亮的帽形就会稍微垮下喔。

食材

- 干粉
  - 中筋面粉 40g
  - 盐 1小撮

- 液体
  - 天然香草精 1/4小匙
  - 鸡蛋 1颗
  - 鲜奶 60g
  - 蜂蜜 20g

- 其他
  - 无盐奶油 约1大匙
  - 柠檬汁 适量
  - 柠檬切片 适量
  - 防潮糖粉 适量

准备器具

- 15cm铸铁锅
- 打蛋器
- 19cm调理盆及量杯
  （或是19cm调理盆2个）

烤箱温度

- 200℃

做法

• 制作面糊

1 先将干粉类以及液体类材料分别拌匀，最后再将液体类材料倒入干粉类材料一同搅拌均匀。

2 用保鲜膜密封放进冰箱冷藏至少30分钟。

POINT！ 亦可前一晚拌好后放置冰箱冷藏一晚。

• 预热

3 预热烤箱的同时，将铸铁锅也一同放入。

• 烘烤

4 当预热完成时，取出铸铁锅，放入无盐奶油，晃动铸铁锅让锅内部四周围均匀地沾裹上奶油。

POINT！ 锅子可是很烫的，请戴上隔热手套小心操作。

5 将步骤2的面糊倒入铸铁锅后，随即放入经过预热的烤箱，200℃烤12~15分钟至面糊膨胀且周围上色即可。

• 装饰

6 出炉时淋点柠檬汁，放上柠檬切片，撒些防潮糖粉即可食用。

POINT！ 亦可放上喜爱的水果，如蓝莓、覆盆子、奇异果、香蕉等。

POINT！ 若无铸铁锅，用一般烤皿取代也是可以的。

4

6

食谱

黑糖泡泡欧芙

Brown Sugar Popover

泡泡欧芙其实是一种快速面包，不需使用酵母或是泡打粉，高温烘烤后形成爆发式膨胀，口感介于泡芙与软面包间，在美国家庭中颇受欢迎。泡泡欧芙可直接单吃，但中间因高温膨胀形成空洞，也可将喜爱的馅料，不论甜馅或是咸馅，填入空洞中一起食用也十分方便。

食材

- 粉类
  - 低筋面粉 75g
  - 盐 1小撮
  - 黑糖 1.5大匙
- 液体
  - 常温鸡蛋 1.5颗
  - 鲜奶 180g
  - 植物油 2小匙

准备器具

- 6连马芬模
- 打蛋器
- 19cm调理盆2个
- 厚底平底锅
- 脱模刀

烤箱温度

- 180℃

做法

● 制作面糊

1 先将鲜奶倒入平底锅中加热，至手指触摸微温即可；低筋面粉先过筛。

2 将干粉类、液体类材料分别拌匀，最后再将液体类材料慢慢倒入干粉类材料中，搅拌均匀。

● 静置

3 用保鲜膜密封起来，让面糊静置10~15分钟。

POINT! 经过静置的话，面糊会较容易膨胀。

● 预热

4 预热烤箱的同时，将马芬模先喷上或是刷上一层分量外的植物油，也一同放入烤箱。

POINT! 务必要喷上或刷上一层油，这样才会好脱模取出。

● 入模与烘烤

5 取出马芬模，将步骤3的面糊倒入马芬模至六七分满，随即放入经过预热的烤箱，180℃烤约40分钟。

POINT! 烘烤过程中若开烤箱，会使烤箱温度下降导致泡泡欧芙萎缩，无法膨胀。

6 出炉时，待稍微降温即可脱模取出，若卡住不好取，可拿脱模刀沿着烤模划一圈即可取出。

Betty's Baking Tips

常温约可保存2天，若密封冷冻约可保存2个月左右。食用时，先解冻回温再喷点水，放入180℃的烤箱中烤2~3分钟即可。

食譜

都是椰子的玛德莲

Coconut Madeleine

玛德莲的名称据说是取自于当初创作它的女孩的名字。浑圆的贝壳形状，拿在手心总是让人爱不释手。玛德莲其实也是磅蛋糕的一种，Betty试着用近几年颇流行的健康食材椰子油来烤焙玛德莲，香甜的椰子气味弥漫在湿润的蛋糕体中，喜爱椰子风味的朋友不妨试试~

食材

- 鸡蛋　1.5颗
- 细砂糖　60g
- 鲜奶　4大匙
- 低筋面粉　75g
- 无铝泡打粉　3/4小匙
- 椰子粉　23g
- 椰子油　75g

准备器具

- 迷你玛德莲模(约4.5cm宽)
- 23cm调理盆
- 打蛋器
- 挤花袋

烤箱温度

- 180℃

做法

1 如果你的玛德莲模不是防粘的，请先抹上食材列表外的奶油，轻撒一层食材列表外的高筋面粉后，再抖掉多余的面粉，即可防粘黏。

● 制作面糊

2 将鸡蛋、砂糖搅拌至砂糖溶化。

POINT! 拌至锅底感觉不到砂糖的颗粒感即可。

3 依序加入鲜奶、过筛的低筋面粉及泡打粉、椰子粉，并逐一拌匀，最后再加入椰子油搅拌至丝滑状后，放置冰箱冷藏一晚。

POINT! 若赶时间的话，最少静置1个小时，但静置一晚让所有材料融合会更理想，不但风味更佳且蛋糕质地也会更细致。

POINT! 冬天的椰子油因室温低会凝结成固体状，可先隔水加热成液态再来使用。

● 入模与烘烤

4 从冰箱取出面糊，先放室温回温20~30分钟再使用。

5 将面糊装入挤花袋，剪一小洞，挤入玛德莲模中约九分满，再送进经过预热的烤箱，180℃烤10~12分钟，至中央突起、以竹签刺入无粘黏即可出炉。

6 刚出炉的玛德莲，连同烤模放在冷却架上静置2~3分钟后，再脱模在冷却架上待凉。

POINT! 刚出炉的玛德莲质地偏软，若马上脱模在冷却架上，会让冷却架的条痕压印在玛德莲上，这可是会破坏了可爱的贝壳外形，所以先静置2~3分钟让玛德莲稍降温后再脱模则可避免。

5

食谱

闪闪橙皮费南雪

Financier

看费南雪的原文Financier(意指金融家)，大概就可猜出这甜点的出身非富即贵，之所以会有这样的命名，据说是外形酷似金砖；又有一说是，这道甜点是在巴黎证券交易所附近传开的，甜点师为了方便证券交易员可以抢时间一手取食而做了这造型。

费南雪刚出炉时外部酥脆、而内部有着杏仁粉香气以及湿软口感；若隔天食用的口感会更湿润，是颇受喜爱的甜点，当然，其贵气的身形也很吸引人。

食材

- 蛋白 50g
- 糖粉 45g
- 低筋面粉 23g
- 杏仁粉 23g
- 无盐奶油 45g
- 市售糖渍橙皮丝 10g

准备器具

- 迷你费南雪模（4.5cm×2.5cm×1cm）
- 23cm 调理盆
- 打蛋器
- 耐热玻璃杯（融化奶油用）
- 挤花袋

烤箱温度

- 180℃

做法

1 若你的费南雪模不是防粘黏的，请先在烤模抹上食材列表外的奶油，再轻撒一层食材列表外的高筋面粉后，抖掉多余的面粉，即可防粘黏。

● 制作面糊

2 先隔水加热无盐奶油至融化，市售糖渍橙皮丝剪小段，备用。

3 蛋白与糖粉用打蛋器持续搅拌至“整个蛋白上方呈现细致的小气泡”，并且“小气泡整个覆盖着底下的蛋白”。

POINT! 蛋白切勿过度打发，不然烘烤时容易产生裂痕。

4 依序加入过筛的低筋面粉、杏仁粉并逐一用打蛋器混拌。

5 最后再缓缓加入融化的无盐奶油及橙皮，搅拌至丝滑状即可。

● 入模与烘烤

6 将面糊装入挤花袋，剪一小洞，挤入费南雪模中约九分满，送进经过预热的烤箱，180℃烘烤约10分钟，至中央突起、均匀上色、以竹签刺入不粘黏即可出炉。

7 出炉即脱模在冷却架上待凉。

Betty's Baking Tips

传统费南雪的做法是将无盐奶油煮至焦化，再过滤取出，但Betty考量到健康的缘故，故此配方仅将奶油煮至融化。

食谱

圣诞树布朗尼

Brownie

浓郁风味、扎实湿润口感的巧克力布朗尼，花点心思装点缀一番，应景的糕点送人或是自赏皆宜啊。

食材

- 布朗尼
- 苦甜巧克力（71%） 150g
- 动物性鲜奶油 70g
- 无盐奶油 50g
- 即溶咖啡粉 1/2~3/4小匙
- 常温鸡蛋 3颗
- 细砂糖 100g
- 低筋面粉 90g
- 盐 1小撮

- 抹茶巧克力
- 白巧克力 30g
- 抹茶粉 1小匙
- 装饰糖珠 适量

烤箱温度

- 170℃

准备器具

- 20cm×20cm烤盘
- 23cm、19cm调理盆（外加一个隔水加热锅）
- 打蛋器
- 三明治袋
- 耐热玻璃杯（融化白巧克力用）

做法

1 先铺上烘焙纸于烤盘内。

● 拌面糊

2 将苦甜巧克力、动物性鲜奶油、无盐奶油、即溶咖啡粉放在一起，隔水加热至融化，并搅拌至滑顺。

POINT！ 温度太高时，锅子适时离开隔水加热盆一下。

3 将鸡蛋、砂糖搅拌至砂糖溶化。

POINT！ 拌至锅底感觉不到砂糖的颗粒即可。

4 再将步骤2的巧克力糊倒入步骤3的蛋液中并搅拌均匀。

5 最后将低筋面粉、盐筛入并轻柔地拌至看不见粉类即可，再倒入烤盘且抹平。

POINT！ 切勿过度搅拌以免出筋影响口感。

● 烘烤

6 送进经过预热的烤箱，170℃烘烤13~15分钟，至竹签刺入后有微微的粘黏。

POINT！ 烤过久蛋糕体会偏干。

7 出炉后即脱模，并放在冷却架上先撕开四边的烘焙纸，并静待降温。

● 切割

8 依白线来切割布朗尼，呈现三角形，共可切成14片。

● 制作抹茶巧克力

9 将白巧克力隔水加热至融化后，拌入抹茶粉，即制成抹茶巧克力，再装入三明治袋中。

● 装饰

10 三明治袋前端剪一小口，于布朗尼上画线条，并点缀上装饰糖珠，最后静待抹茶巧克力凝固即可。

Betty's Baking Tips

若不想装饰成圣诞树，可直接切成方块状，亦可再加约100g的核桃（或是其他喜爱的坚果）在面糊中一起烘烤，口感更是丰富。

另外建议布朗尼温温着吃最是湿润香浓。若是放置后再吃，食用时，喷点水再放进预热至150℃的烤箱，熄火焖个3分钟左右，口感就会跟刚出炉的一样了。

食譜

柠檬糖霜马芬

Lemon Muffin

马芬算是款制作容易且快速的蛋糕，只要将鸡蛋、糖、面粉拌一拌，而且还不需要太认真拌，最后倒入融化的奶油，真的，就是这么简单！

食材

- 柠檬马芬
  - 常温鸡蛋 80g
  - 细砂糖 75g
  - 新鲜柠檬汁 约3/4大匙（视柠檬酸度调整）
  - 水 与柠檬汁合计80g
  - 低筋面粉 160g
  - 无铝泡打粉 1.5小匙
  - 柠檬皮末 1/3~1/2颗
  - 无盐奶油 80g
- 柠檬糖霜
  - 糖粉 60g
  - 新鲜柠檬汁 2.5~3小匙

烤箱温度

- 180℃

准备器具

- 6连马芬模
- 23cm调理盆
- 打蛋器
- 刮刀
- 刨丝器

制作分量

- 6颗

3

4

7-1

7-2

做法

- 拌面糊

1 奶油先隔水加热至融化备用。

2 依序将鸡蛋、砂糖、水、柠檬汁、柠檬皮末搅拌均匀。

3 将低筋面粉、泡打粉一同筛入，只要搅拌至看不见粉粒就好，最后将融化的奶油缓缓加入再拌匀即可。

POINT！ 切勿过度搅拌让面粉出筋，仅需拌至看不见粉粒就好。

- 入模与烘烤

4 将拌好的面糊倒入马芬模中，装八分满。

5 送进经过预热的烤箱，180℃烘烤15~18分钟，以竹签刺入不粘黏即可出炉并脱模。

- 制作柠檬糖霜

6 将糖粉与柠檬汁搅拌至缓慢流下的状态，请视情况斟酌柠檬汁用量。

POINT！ 柠檬汁先不要一次全下，留个半小匙左右，边搅拌边视情况来调整成自己喜爱的稠度。

POINT！ 柠檬糖霜一拌好就尽快使用，暴露在空气中可是很快就会干了。

- 顶饰

7 舀取适量的柠檬糖霜淋在柠檬马芬蛋糕上。亦可将切片柠檬的一角切一裂口再摆上，增加视觉丰富度。

食谱

红茶巧克力甘纳许方糕

Black Tea & Chocolate Cakes

马芬可不一定要是杯子状，甚至添加植物油更感轻盈，再利用硅胶模做成一口吃的小巧样，作为宴客的小点心或是姐妹淘的贵妇风午茶，都挺适合翘着小拇指闲适优雅地享用呢。

食材

- 红茶马芬蛋糕
  - 常温鸡蛋　40g
  - 细砂糖　32g
  - 鲜奶　40g
  - 植物油　40g
  - 低筋面粉　80g
  - 无铝泡打粉　0.8g
  - 锡兰红茶茶包　1个（约2.5g）

- 巧克力甘纳许
  - 动物性鲜奶油　25g
  - 苦甜巧克力（71%）　25g
  - 植物油　1/2小匙

准备器具

- 24连中空硅胶模（每个孔约3cm×3cm×2cm）
- 23cm调理盆
- 打蛋器
- 刮刀
- 挤花袋
- 三明治袋
- 酱汁锅（煮鲜奶油用）

烤箱温度

- 180℃

Betty's Baking Tips

1 因为蛋糕顶部要装填甘纳许，故建议此款蛋糕需放冰箱冷藏，要食用时，请放室温回温10~20分钟再食用。

2 若无硅胶模亦可做成杯子蛋糕状，将蛋糕配方分量乘以2，就可利用6连马芬模来制作。

做法

● 拌面糊

1 依序将鸡蛋、砂糖、鲜奶、植物油搅拌均匀。

2 将低筋面粉、泡打粉、红茶粉一同筛入，只需拌匀即可。

POINT! 切勿过度搅拌让面粉出筋，仅需拌至看不见粉粒就好。

POINT! 若红茶包的叶末太粗的话，请先磨成细末，才不会影响蛋糕口感。

● 入模与烘烤

3 将完成的面糊装入挤花袋中，前端剪一小口，每个孔模装六七分满，最后于桌面轻敲2~3下让面糊平整。

3

4 送进经过预热的烤箱，180℃烘烤7~8分钟，以竹签刺入不粘黏即可。

5 出炉待降温后再脱模。

● 制作巧克力甘纳许

6 将动物性鲜奶油加热至冒小泡，再冲入苦甜巧克力中，先静置1~2分钟再轻柔地拌匀，最后将植物油也倒入，同样轻柔地拌匀。

6-1

6-2

POINT! 巧克力若非纽扣状，请先切小块较容易融化。

POINT! 先静置1~2分钟可让巧克力先软化，等搅拌时只需轻柔地拌匀，亦可减少空气的拌入。

POINT! 这分量是较容易操作的分量，用不完的部分可冷冻保存，需要时只需隔水加热至融化就好。

7 将巧克力甘纳许装入三明治袋中，前端剪一小口，并将蛋糕顶端的孔洞注满。

7

8 若有金箔的话可摆上装饰。

食谱

英国佬的优格司康

Yogurt Scone

司康算是很能代表英国的一种甜点，
享受英式下午茶时可是必备这小巧松饼，对半剖开涂上奶油以及果酱，
再来一杯热乎乎的红茶，就是很经典的吃法。

食材

- 低筋面粉　220g
- 细砂糖　2大匙
- 无铝泡打粉　2小匙
- 盐　1小撮
- 无盐奶油　60g
- 冷藏鸡蛋　1个
- 原味优格　4大匙

准备器具

- 23cm调理盆
- 6cm圆形压模
- 刮刀
- 擀面棍
- 刷子

烤箱温度

- 180℃

制作分量

- 6个

做法

• 制作面团

1 无盐奶油切小丁，放冰箱冷藏备用。

2 将过筛的低筋面粉与无铝泡打粉、砂糖及盐搅拌均匀，再将从冰箱取出的切丁无盐奶油倒入，并用手指搓成细砂粒状。

3 将优格与蛋液拌匀后倒入步骤2中，再以刮刀搅拌略成团。

TIPS! 拌至约略成团就好，不要混拌过度。

4 再将面团移至桌面以用手压折的方式，对折6~7次至面团略呈光滑状即可。

POINT! 千万不要对折太多次数，会让面团出筋影响口感。

• 塑形

5 将面团擀成约2cm厚，再取一直径6cm的圆形压膜压出圆饼，剩余的面团一样再按压聚集成团，继续压模即可。

POINT! 可以适时撒些食材列表外的高筋面粉于桌面，如此压擀时较不易粘黏。

POINT! 压模时，也适时地蘸一下高筋面粉，压印面团时也较不会粘黏。

• 烘烤

6 于面团表面刷上一层分量外的蛋液。

7 放进经过预热的烤箱，180℃烤20分钟至表面上色。

Betty's Baking Tips

成功的司康，侧面会有一道长长的裂口（喔，这可是司康的正字标志呢），而口感是酥松的，不是硬实的。若要做出成功的司康，需切记千万不要混拌过度、面团也不要对折过多次数，因为面团一旦出筋的话，口感就会偏硬而不酥松。另外，司康的材料（鸡蛋、奶油、优格等）也一定要冷藏过，在冰冷状态下使用制作。

食谱

戒断不了的蓝莓酥粒

Blueberry Crumble

酥粒(Crumble)是第二次世界大战时起源于英国的甜点，战争时期物资短缺，但是爱吃甜点的欲望还是很难戒断，所以穷极生变而诞生出这道运用简易食材制作的甜点。上层是烤得香酥脆口的饼干酥粒、而下层是浓郁果酱以及一咬会扑哧流泻出满满果香的水果。现在的人更是会享受，夏天夹上一大球冰淇淋，冬天则是佐上满满的奶香丝滑的香缇鲜奶油，不管一出炉热热地吃，或是放凉再吃，各有不同的风情。

食材

- 低筋面粉　70g
- 无盐奶油　35g
- 细砂糖　35g
- 盐　1 小撮
- 蓝莓　100~120g
- 黑莓果酱　5~6 大匙（蓝莓亦可）

准备器具

- 6 英寸烤皿
- 23cm 调理盆

烤箱温度

- 200℃

做法

● 制作酥粒

1　从冰箱取出无盐奶油，先切小丁，与过筛的低筋面粉一起放入调理盆中，用手指搓捏奶油与面粉成细砂状。

POINT!　奶油不可退冰回温，需使用冰冷状态下的奶油。

2　再将细砂糖、盐倒入拌匀即可。

● 组合

3　将果酱平铺在烤皿上，撒上蓝莓，最后再将酥粒厚厚地撒上。

● 烘烤

4　送进经过预热的烤箱，200℃烘烤约 15 分钟，至酥粒呈现金黄色、酥脆即可。

Betty's Baking Tips

1　水果也可以替换成覆盆子、草莓、苹果等，如果是使用草莓，就可搭配草莓或覆盆子果酱。
2　莓果类的水果可以是新鲜的，也可以选择冷冻的。
3　可多做一些酥粒冷冻存放，可保存 1~2 个月，要用时可直接取用很方便。

Cake

食谱

不等人的蜂蜜舒芙蕾

Honey Soufflé

舒芙蕾的由来有许多说法，其一是为了让法国王公贵族、上流阶层在道道美食佳肴珍馐饱腹之后，肚子还有余裕能品尝甜点，于是厨师们绞尽脑汁构思了这道入口如云朵般梦幻轻盈，存在感极低（指的是在“胃”中的存在感~）的舒芙蕾。

运用了打发蛋白以及煮卡士达奶油的技巧，高温烘烤后形成外部的薄层酥脆，内部温润丝柔，而蓬松高耸的外形一转眼就稍纵即逝。

食材

- 蛋黄　1颗
- 蜂蜜　10g
- 低筋面粉　10g
- 盐　1小撮
- 鲜奶　80g
- 蛋白　2颗
- 细砂糖　20g
- 柠檬皮末　1/3颗
- 糖粉　适量

准备器具

- 200ml烤皿2个（直径8.5cm，高4cm）
- 厚底平底锅
- 打蛋器
- 23cm调理盆2个
- 电动搅拌机
- 刮刀
- 刨丝器

烤箱温度

- 180℃

做法

● 制作卡士达奶油

1 取一调理盆，依序将蛋黄、蜂蜜、过筛的低筋面粉、盐加入拌匀。

2 再取一厚底平底锅，倒入鲜奶及5g细砂糖并煮至锅缘冒小泡即熄火。接着少量少量地倒入步骤1的面糊中，待整体滑顺后再全部倒入并搅拌均匀。

POINT！ 鲜奶一加热，锅缘便会产生一层结皮，造成耗损以及影响口感，若加点砂糖则可避免此情形发生。

3 将滤网架在厚底平底锅上，将步骤2的鲜奶糊过滤。

4 过滤后，开中大火加热，加热期间持续搅拌，并注意锅底边缘一定要搅拌到，当水分煮到越来越少时，会容易结块以及烧焦。需煮至开始浓稠、出现纹路即离火，并贴覆一张保鲜膜于卡士达奶油上，再隔水降温至冷却备用。

POINT! 隔水降温采用渐进式降温，私心建议先泡常温水一会儿，再泡冰水，可防止冷热温差过大造成锅子的损伤。且卡士达奶油需放凉才能与打发蛋白霜混拌，否则可是会让打发蛋白霜消泡的。

POINT! 保鲜膜需贴覆在卡士达奶油表面，而非覆盖在锅缘上，可防止卡士达奶油结皮。

注：卡士达奶油制作详细图文对照参见180页“制作咖啡卡士达奶油”。

- 烤皿的处理

5 先涂上一层分量外的奶油于烤皿内部、再均匀地滚上一层分量外的细砂糖。

- 打发蛋白

6 将蛋白及剩余砂糖打至硬性发泡，打蛋器舀起蛋白霜尖端可呈现挺立状态（参见技巧3 如何成功打发蛋白）。

- 混拌

7 将打发蛋白霜轻柔地拌入步骤4的卡士达奶油中，再拌入柠檬皮末，并平均倒入烤皿中，表面略抹平。

8 拇指与食指夹着烤皿缘划一圈，形成一圈沟槽。

POINT! 以手指沿着烤皿划一圈的小方法，可让舒芙蕾膨胀后，尽可能直直地往上膨发、避免垮下，如此成品形状会较美丽。

- 烘烤

9 马上送进经过预热的烤箱，180℃烘烤18~20分钟至表面上色。

10 出炉后，表面撒些糖粉即可立即享用喔。

Betty's Baking Tips

出炉后享用时，千万不要迟疑，因为舒芙蕾高耸的美丽身影，一转眼可就消逝无踪了。

2

4

5–1

5–2

7–1

7–2

7–3

8

10

食谱

唰唰就好的蛋糕

Easy Lemon Cake

Betty私心介绍这款真的只要唰唰就好的蛋糕给大家，有时候就是发懒，或是小朋友临时带着一大票同学们回家的时候，若妈妈们有马上就能喂食小小客人们的甜点烘焙能力将会非常实用，像是这道唰唰就好的蛋糕可以立即上场，并且随意变化模具，不论烤盘、铸铁锅、小烤皿、喜爱的造型模具，通通不设限。

食材

- ○ 动物性鲜奶油　100g
- ○ 细砂糖　90g
- ○ 蜂蜜　10g
- ○ 常温鸡蛋　2颗
- ○ 低筋面粉　100g
- ○ 无铝泡打粉　1小匙
- ○ 柠檬皮　1/3颗

准备器具

- ○ 20cm×20cm的方形烤模
- ○ 23cm调理盆
- ○ 打蛋器
- ○ 刨丝器

烤箱温度

- ○ 180℃

做法

1　先在烤模内铺上烘焙纸。

● 拌匀

2　依序将鲜奶油、砂糖与蜂蜜加入调理盆里拌匀，接着分2~3次拌入打散的鸡蛋，然后磨一些柠檬皮末，最后加过筛的低筋面粉与泡打粉，用打蛋器拌匀所有食材就好。

POINT!　拌至均匀看不见粉类即可，千万不要过度搅拌至出筋，那样口感可是会不好吃。

● 烘烤

3　将拌匀的面糊倒入烤模中，放入经过预热的烤箱，180℃烤13~15分钟，以竹签刺入不粘黏即可取出，脱模后放在冷却架上，稍待降温再撕除烘焙纸。

Betty's Baking Tips

柠檬皮末可置换成柳橙皮末，风味也很迷人喔。

LESSON5

NO BAKE DESSERTS

第5课 免烘烤甜点

除了烘烤类的甜点，有时也想试试不用火、
不用动到烤箱的美味，这时不妨试试免烘焙系列吧！
这类甜点也包含了许多制作中的小诀窍呢。

No bake desserts

食谱

提拉米苏玻璃杯

Tiramisù

什么是最能代表意大利的著名甜点？应该马上就会联想到提拉米苏吧。意大利原文里，Tira是“提、拉”的意思，Mi是“我”，sù是“往上”，合起来也有种“带我走”的意思，带走的不只是舌尖的美味，亦饱含着满满的幸福与爱意。

食材

- 马斯卡彭起士酱
  - 细砂糖　40g
  - 蛋黄　2颗
  - 马斯卡彭起士　160g
  - 动物性鲜奶油　160g
- 咖啡糖浆
  - 即溶咖啡粉　15g
  - 卡鲁哇咖啡酒　15g
  - 细砂糖　10g
- 其他
  - 市售手指饼干　适量
  - 防潮可可粉　适量

准备器具

- 300ml玻璃杯2个
- 厚底平底锅
- 19cm调理盆2个（外加一个隔水加热锅）
- 电动搅拌机
- 刮刀
- 打蛋器

做法

• 制作咖啡糖浆

1 将即溶咖啡粉、卡鲁哇咖啡酒、细砂糖倒入厚底平底锅中，用小火加热至溶化后，即熄火待凉备用。

• 制作马斯卡彭起士酱

2 马斯卡彭起士置于室温下，先软化备用。

3 鲜奶油隔冰块水打至七八分发，舀起搅拌棒鲜奶油尖角会缓缓弯下（请参照技巧4 如何成功打发鲜奶油）。

4 拌匀蛋黄及细砂糖，并隔水加热至75~80℃，蛋黄液会呈现浓稠状态。

POINT! 隔水加热期间，请持续搅拌。

5 再依序与软化的马斯卡彭起士及打发鲜奶油轻柔地逐一拌匀。

1

3

4

5-1

5-2

- 组合

6 将市售的手指饼干裁剪成适合杯子的长度，再双面蘸裹步骤1的咖啡糖浆，铺排于杯子底部。

7 倒入适量的马斯卡彭起士酱。

8 再重复一次步骤6、步骤7，最后于表面撒上一层可可粉装饰即可。

6-1

6-2

7-1

7-2

7-3

食谱

低脂蓝莓豆浆慕斯塔

Soy Milk & Blueberry Mousse Tarte

慕斯的轻与柔，常是女人们的爱恋，再将低热量的豆浆纳入食材，

取代厚重的鲜奶油，让每一口都是轻盈如云的感受。

食材

- 简易饼干塔皮
  - 消化饼　70g
  - 无盐奶油　35g
- 顶饰
  - 香缇鲜奶油　适量
  - 蓝莓　适量
- 蓝莓慕斯
  - 无糖豆浆　200g
  - 细砂糖　30g
  - 吉利丁片　10g
  - 原味优格　250g
  - 冷开水　50g
  - 柠檬汁　1 小匙
  - 蓝莓果酱　80g

准备器具

- 6英寸慕斯圈
- 厚底平底锅
- 擀面棍
- 耐热玻璃杯（融化奶油用）
- 打蛋器

- 制作简易饼干塔皮

1 将消化饼装入保鲜袋中，再用擀面棍擀碎。

2 将无盐奶油隔水加热至融化，再倒入步骤1的碎饼干中拌匀。

3 用保鲜膜包覆6英寸慕斯圈的底部，再将步骤2的奶油饼干末倒入，并尽量用力压平，放冰箱冷藏备用。

- 蓝莓慕斯

4 先将吉利丁片泡冰块水5~10分钟，至吉利丁片膨胀变软而有弹性，再挤干水分备用。

POINT! 一般吉利丁在20~30℃就会开始融化，所以吉利丁片一定得泡冰块水，切勿用一般的常温水浸泡。

5 将一半的豆浆、砂糖、泡软的吉利丁片一起放入厚底平底锅中，以小火煮至砂糖溶化即可。

6 再倒入剩余的豆浆、原味优格、冷开水、柠檬汁、蓝莓果酱并搅拌均匀，即制成蓝莓慕斯液。

7　将蓝莓慕斯液倒入慕斯圈中，放入冰箱冷藏2.5~3小时至定形。

POINT!　若表面有浮泡，就用网筛捞除。

- 脱模

8　撕除保鲜膜，将蓝莓慕斯塔放在盘子上。

9　取一条毛巾浸泡热水后拧干，再沿着慕斯圈围一圈，包覆一会儿，重复此动作，直至可以拉起慕斯圈。

POINT!　每包覆热毛巾一会儿，就随即拉一拉慕斯圈，试着看看能不能脱模，切勿包覆热毛巾过久，可是会让慕斯融化的。

- 顶饰

10　最后挤些香缇鲜奶油，撒些蓝莓果粒装饰即可。

食谱

专属猫王的可丽饼

Crêpe

可丽饼可是法国人的家乡味，更是一种专属于妈妈的味道，她的风味变化可是万千，可夹进甜馅、亦可当正餐佐咸料喔。

食材

- 干粉类
  - 低筋面粉　100g
  - 细砂糖　20g
  - 盐　1小撮
- 馅料
  - 花生酱、巧克力淋酱、香蕉、冰淇淋皆适量
- 液体类
  - 鸡蛋　2颗
  - 鲜奶　250g
  - 植物油　20g

准备器具

- 11英寸平底锅
- 19cm、23cm调理盆各一
- 打蛋器

制作分量

- 直径20~22cm的面皮约10片

做法

- 拌面糊

1 分别将干粉类以及液体类食材搅拌均匀。

2 再将液体倒入干粉里并搅拌至看不见粉类即可，切勿过度搅拌，送进冰箱冷藏30分钟。

POINT! 经过30分钟的静置，能让食材更融合。

- 煎面皮

3 平底锅热锅后，喷上一层薄油，再倒入适量面糊，并尽量摆动锅子让面糊均匀扩散成圆形。

POINT! 面糊薄薄一层即可，不要过厚。

4 煎至周围的面皮上色后即翻面，续煎5~10秒即可起锅。再继续比照前面方式将剩余面糊煎完。

- 夹馅

5 将花生酱涂抹在面皮上，夹进适量的切块香蕉，对折再对折，依个人喜好加上冰淇淋，最后淋上巧克力淋酱即可享用。

食譜

浪漫樱花可尔必思果冻杯

Sakura & Calpis Jelly

一朵朵雅致粉柔的樱花，让一杯纯白的乳酸果冻，
整个柔美风雅起来~

食材

- 可尔必思果冻
  - 可尔必思　500ml
  - 吉利T　13g
- 樱花果冻
  - 冷开水　240g
  - 细砂糖　36g
  - 吉利T　7g
  - 盐渍樱花　6朵

准备器具

- 120ml玻璃杯6个

做法

制作可尔必思果冻

1 将吉利T倒入可尔必思中，搅拌均匀后开火煮至80℃即可熄火，加热期间也请搅拌。

POINT! 吉利T融化的温度为80℃。

2 将果冻液均等地倒入6个玻璃杯中，降温后再移至冰箱冷藏至定形。

制作樱花果冻

3 先用水洗去盐渍樱花的盐分，请以冷开水浸泡15~20分钟。

4 砂糖与吉利T先拌匀，再倒入冷开水，搅拌均匀后开火煮至80℃即可熄火，加热期间请搅拌。

5 降温至55~60℃，即可倒入已冷藏定形的步骤2的果冻杯中。

POINT! 切勿直接将热烫的液体倒入步骤2的果冻中，高温可是会使已定形的可尔必思果冻有融化的风险。

6 于每个果冻上摆放一朵盐渍樱花，再次送入冰箱冷藏至定形。

Betty's Baking Tips

若无盐渍樱花也没关系，可用时令切丁水果取代，也超适合给小朋友享用。

AFTER BAKING

下次烘焙更轻松：活用整理

烘焙结束后，先不急着脱下围裙，

只要再多做一些些、

多花一点时间，下次烘焙绝对会更轻松更省力喔！

After baking

After baking

下次烘焙更轻松：活用整理

Q 烤模、烘焙器具要如何清洗？如何保养？

烤模
每次用完烤模后，请用热水及柔软海绵轻轻刷洗干净，接着用干布或纸巾悉心擦去水分，确实风干才能收纳，或是利用烤箱余温来烘干水分也可。而镀锡的烤模则需再薄薄刷上一层油（防止氧化），才可收纳起来。或是依照烤模的出厂说明确实清洁与保养，才能延长烤模使用年限。

打蛋器
打蛋器的清洁也很重要，每条钢丝需仔细清洁、确实刷洗干净，洗完晾干或是烘干都可。

各式调理盆
确实用中性洗碗精及柔软海绵刷洗调理盆，以防沾染油或是其他食材而影响下次蛋白的打发，洗完晾干或是烘干都可。

硅胶刷
先用热水清洗，再用中性洗碗精来清洁，即可清除异味及油。

擀面棍
若为木质擀面棍，清洗后记得要擦干，放在通风处风干。

各式网筛
清洗后，一定要烘干或晾干才能再度使用。

硅胶模
用柔软海绵蘸点中性清洁剂清洗即可，勿用力拉扯、不要用刀具刮伤，更不要用硬质刷子刷洗。

花嘴
可以泡在热水中并加点中性清洁剂浸泡一会儿，会较好清洗；若有小刷子那更好，可以深入花嘴刷洗得更干净，洗完烘干或是自然风干再收纳。

刮板、刮刀
用柔软海绵蘸点中性清洁剂清洗即可，洗完烘干或是自然风干再收纳。

这些小小的清洁工作确实做好，下次烘焙一定会更有效率与轻松！还有不要忘了，厨房环境也需顺势清洁。

Q 糕点吃不完如何保存？冷藏还是冷冻？又可放多久呢？

Betty依自身的烘焙经验，整理出各式糕点的赏味有效期及保存方式给各位参考，但是各家的冰箱冷藏状况、所处环境室温湿度皆不同，以下保存时间并非绝对，还请各位再行斟酌。另老话一句，所有的美味糕点都该趁新鲜时通通吃下肚，这才是最佳、最天然的保存方式喔！

海绵蛋糕、戚风蛋糕

降温后用保鲜膜包覆起来，放进保鲜袋或是保鲜盒中，冷藏可保存5~7天，冷冻可保存1个月左右，要食用前先解冻回温。但若是夹有馅料，或是鲜奶油装饰的话，建议2~3天内食用完，风味最佳。

鲜奶油蛋糕

易变质，建议密封冷藏保存，2~3天内食用完为佳。

泡芙

已夹馅的泡芙，则建议马上食用，毕竟馅料可是会让泡芙皮失去脆度的，且泡芙的夹馅多为卡士达酱或是鲜奶油，皆是不宜久放的食材，所以建议泡芙要现吃现夹馅。

塔皮、派皮

建议密封冷藏保存甜塔，1~2天内食用完。而咸派的话，密封冷藏可保存2~3天，若是密封冷冻则可保存2星期左右，要食用时，放进已预热的烤箱再烤个5~10分钟即可。

磅蛋糕、玛德莲、费南雪

磅蛋糕这类重奶油的糕点属常温蛋糕，可常温密封保存，夏天可保存3~4天，冬天可保存5~7天。但若气候闷热潮湿或是吃不完时，建议密封冷藏，可保存1~2星期，冷冻可保存1~2个月。

食用时，先放常温15~20分钟（冬天则视情况延长时间），待蛋糕稍回复软度即可享用，或是放进已预热的烤箱再烤个2~3分钟也可。

卡士达酱

因含有大量的蛋及牛奶，易变质不适宜久放，冷藏隔天即食用完毕为佳，不可冷冻。

饼干

密封常温可保存2~3星期左右。

马芬

常温密封可保存2天左右。

司康

常温密封可保存2天左右，而密封冷冻可保存1~2个月，食用时先回温，于司康表面洒点水，再放进预热后的烤箱，180℃烤个3~5分钟就可以了。

Q 哪些糕点可用半成品的状态保存呢?

平时有空的时候，可以先完成一些繁琐的前期工序，并适当保存半成品，如此下次想吃的话，就可以节省一些时间；也利于有时无法随心操控时间，例如做糕点时老是被打断的状况，好吧，就像我家小孩老是在身边团团转，这时就需知道如何适当保存做到一半的面团或是食材。

泡芙

烘烤完未夹馅的泡芙皮，降温后用保鲜盒密封冷冻，约可保存1个月。要食用时，先放入冷藏室或室温解冻，再将烤箱预热200℃后熄火，将解冻的泡芙皮放入焖个5分钟左右即可。或是生面糊则是挤在烤盘上再进冷冻室，等定形后，用密封袋或是保鲜盒冷冻保存，要食用时，直接进烤箱烘烤，只是时间需再拉长个5~10分钟。

塔皮

搅拌完成的生面团，用保鲜膜包覆再放进保鲜袋，以冷冻状态可保存1个月左右。取用前，移至冷藏回复至适当软度，即可继续接下来未完成的入塔模及烘烤工序。

若是已完成的生面团装填入塔模后，可连同塔模一起冷冻保存，要用时直接进烤箱烘烤，只是时间需拉长个5~10分钟。

饼干

奶油类的饼干生面团，以保鲜膜包覆再装入密封袋中，冷冻存放可保存1~2个月。

打发的鲜奶油

打发的动物性鲜奶油若是用不完，可以装入保鲜盒或是用保鲜膜包覆密封冷冻保存，下次可以拿来做巧克力甘纳许，一点都不浪费。

酥粒(crumble)

搓拌成细砂状的酥粒，用保鲜袋密封后冷冻可保存1~2个月，取出就可即刻使用。

QUICK AND EASY DESSERTS

剩余糕点做变化：常备甜点

平时有剩余的甜点，或是做甜点时，再多备一份起来，
只要花点小小心思变化制作，就能让它们再度亮丽上场，
而且变成卖相好看的常备甜点！

保存方式可参考前面段落所述，当馋虫发作或临时有客人来访时，
就不会手忙脚乱，也能一派优雅、轻松自如地端上桌。

Quick and easy desserts

食譜

柳橙凝乳夹心饼干

Orange Curd Sandwich Cookies

将凝乳的酸香夹在喜爱的酥脆饼干中，做成自家版独有的风味饼干，也让凝乳有了美丽的再生~

食材

- 喜爱的饼干、柳橙凝乳皆适量

做法

1 柳橙凝乳做法参见“柳橙邂逅起士夹心蛋糕”。

2 将凝乳适量涂抹在饼干上，再轻覆一片饼干即完成，或是直接蘸裹吃也很棒。

Betty's Baking Tips

凝乳裹在蛋白饼中或涂抹司康、面包也很棒喔。书中介绍的柠檬凝乳也适用。

食譜

吸睛度100%的乳脂松糕

Trifle

只要有个通透的玻璃杯，再准备时令鲜甜的水果，加上戚风蛋糕或海绵蛋糕，将它们随意切块，再淋上打发的风味鲜奶油，就能层层堆叠成视觉丰富的杯装甜点，这一杯端上桌能引起不尖叫吗？

食材

- 戚风蛋糕（或海绵蛋糕） 适量
- 覆盆子（或草莓） 适量

● 覆盆子鲜奶油

- 动物性鲜奶油 90g
- 覆盆子果酱 50g

准备器具

- 150ml玻璃杯2个
- 19cm调理盆
- 电动搅拌机
- 刮刀

做法

● 打发覆盆子鲜奶油

1 将动物性鲜奶油隔冰块水打至七八分发，用搅拌棒舀起时尖角会呈缓缓弯下状，再拌入覆盆子果酱（请参考技巧4 如何成功打发鲜奶油）。

● 组合

2 先放些切块蛋糕，舀入适量覆盆子鲜奶油，摆上水果，重复以上动作至杯子满了即可。最后再装点些水果于顶部，轻轻松松地开动吧！

食谱

巧克力棒棒球

Cake Pops

有时候，磅蛋糕就是容易剩个1~2块吃不完，或者是没保存好，让口感变干，没关系，只要花个几分钟，几个小工序，就能让磅蛋糕这灰姑娘大变身！

食材

- 牛奶巧克力（苦甜巧克力亦可） 50g
- 鲜奶 1大匙
- 磅蛋糕 100g
- 可可粉 适量

准备器具

- 食物料理机

做法

1 将磅蛋糕放进食物料理机中打成粉碎状，若无食物料理机，也可用双手将蛋糕弄碎。

2 将巧克力隔水加热至融化。

3 将除可可粉外的所有材料拌匀，再捏塑成6个小圆球状，密封放冰箱冷藏约30~60分钟至定形。

POINT！ 鲜奶的量请斟酌加减，能让面团聚合即可。

4 食用时撒上可可粉装饰即可。

2

3-1

3-2

Betty's Baking Tips

亦可加进喜欢的果干或是坚果，风味会更有层次。

食譜

榛果巧克力三明治蛋糕

Nutella Sandwich Cake

三明治一定得是面包吗？那可不一定~把蛋糕片一片随心涂满喜爱的酱料，再加点时令水果，当然，若要夹咸的馅料也行喔！

食材

- 海绵或戚风蛋糕　适量
- 市售榛果巧克力酱　适量
- 喜爱的水果　适量

做法

海绵或是戚风蛋糕切片先涂上榛果巧克力酱，再摆上时令水果，轻覆上另一片也涂满榛果巧克力酱的蛋糕，对切即可享用。榛果巧克力酱可以换成巧克力甘纳许（做法参见205页）。

食谱

缤纷水果蛋糕串

Cake Sample

将磅蛋糕切成块状，穿上喜爱的时令水果、棉花糖，当成野餐甜点，视觉上是不是也多了些趣味了呢？

食材

- 喜爱的磅蛋糕、水果、棉花糖皆适量

做法

先将磅蛋糕切成四方块状，再随自己的创意穿上棉花糖、喜爱的水果即可。

食谱

泡芙布丁盅

Choux Pastry Pudding

这道甜点的发想来自于法国老奶奶们对剩余面包的再利用，将冰箱常备的牛奶鸡蛋拌成滑嫩的布丁蛋奶液，再淋满烤盅。一经烘烤，不仅能将剩余食材吃光光，又吃得到浓浓的蛋奶香。Betty将面包换成泡芙皮，又是不同的风味感受，但是一样的心态就是不想浪费食物。而馅料呢，更是随意，果干、水果、坚果或是什么都不加也行，就是冰箱有什么馅料就加什么，就算只有鸡蛋，也是香喷喷的。

食材

- 泡芙　4~5颗
- 鸡蛋　1颗
- 鲜奶　100g
- 细砂糖　15g
- 天然香草精　1/4小匙
- 蔓越莓果干　1大匙多
- 杏仁片　适量
- 防潮糖粉　适量

准备器具

- 约250ml烤皿1个

烤箱

- 170℃

做法

1　将泡芙撕半，一一摆进烤皿。

● 制作布丁蛋奶液

2　将鸡蛋、鲜奶、细砂糖、香草精拌匀后过筛，即制成布丁蛋奶液。

3　将布丁蛋奶液倒入烤皿，再随意撒上蔓越莓果干、杏仁片。

● 烘烤

4　送进经过预热的烤箱，170℃烘烤18~20分钟至蛋液凝固即可。

5　食用时，可撒上防潮糖粉装饰，亦可再加些喜爱的时令水果。

Betty's Baking Tips

若想要奶香更是浓郁，当然可以将一部分的鲜奶替换成动物性鲜奶油，风味毋庸置疑绝对更香浓，但是相对热量也较高些。

食谱

马斯卡彭酥粒甜点杯

Lemon Curd & Mascarpone Cheese Parfait

酸香凝乳、脆口酥粒加上滑顺香浓的马斯卡彭奶酱，三种风味、三种截然不同的口感，在味蕾中激荡出美丽的火花，可以款待访客、姐妹淘午茶、当小朋友点心，一出场，就是绚丽动人。

食材

- ○ 柠檬凝乳　4~5大匙
  （参见“酸香柠檬塔”食谱）
- ○ 酥粒　半份
  （参见“戒断不了的蓝莓酥粒”食谱）

- ● 马斯卡彭起士奶酱
- ○ 马斯卡彭起士　30g
- ○ 动物性鲜奶油　120g
- ○ 细砂糖　15g

准备器具

- ○ 玻璃杯250ml 2个
- ○ 19cm调理盆
- ○ 电动搅拌机
- ○ 刮刀
- ○ 挤花袋

烤箱温度

- ○ 160~170℃

做法

● 先烤酥粒

1　取出冷冻的生酥粒，直接平铺在烤盘上，放进经过预热的烤箱，160~170℃烤10分钟至酥脆上色，取出放凉备用。

● 制作马斯卡彭起士奶酱

2　马斯卡彭起士先放室温回软。

3　将鲜奶油与砂糖隔冰块水打至七八分发，用搅拌棒舀起尖角会缓缓弯下时，再拌入马斯卡彭起士（参见技巧4 如何成功打发鲜奶油）。

4　将马斯卡彭起士奶酱装入挤花袋中。

● 组合

5　舀取适量酥粒放在玻璃杯底部，挤上适量马斯卡彭起士奶酱，再挤入适量柠檬凝乳，重复以上动作，层层堆叠制造层次感，最后再撒上一层酥粒于顶部即完成。

1-1

1-2

5

独家附录：本书甜点分类及素材查找表

难易度：1 基础　2 中等　3 进阶

类别				难易度	食谱	模具	口味	面糊、面团						奶酱						
项次	大类	中类	小类					蛋白打发	全蛋打发	奶油打发	泡芙饼皮	饼干面团	塔派面团	打发鲜奶油	卡士达奶油	卡士达鲜奶油	卡士达慕斯琳	其他奶酱	糖霜	凝结剂
1	蛋糕	戚风	基本戚风	1	轻盈优格戚风蛋糕	6英寸日式戚风模	优格	●										●		
2				1	酒香兰姆葡萄干戚风蛋糕	纸模	兰姆葡萄干	●												
3			装饰款	2	成熟大人风咖啡戚风蛋糕	8英寸日式戚风模	咖啡	●												
4				3	秋收满溢蒙布朗戚风蛋糕	6英寸日式戚风模	栗子	●										●		
5		海绵	夹层海绵	1	娇嫩蜜桃夹层蛋糕	6英寸圆形模	蜜桃		●					●						
6			花式小蛋糕	2	遇见红茶白巧克力奶油蛋糕	25cm方形模	红茶		●					●						
7				2	一块惬意摩卡奶油蛋糕	25cm方形模	摩卡		●					●						
8			瑞士卷	3	覆盆子抹茶瑞士卷	25cm方形模	抹茶		●					●						
9		磅蛋糕	全蛋混合	1	清新柠檬磅蛋糕	磅蛋糕模	柠檬			●									●	
10				1	带我走杯子蛋糕	马芬模	提拉米苏			●								●		
11				2	双重享受香蕉可可磅蛋糕	咕咕霍夫蛋糕模	香蕉、巧克力			●										
12			全蛋打发	2	再恋芒果优格磅蛋糕	磅蛋糕模	芒果、优格		●											
13			全蛋打发与植物油	3	柳橙邂逅起士夹心蛋糕	6英寸圆形模	柳橙、起士		●									●		
14	饼干	糖油混拌法	美式饼干	1	美式榛果饼干	~	榛果					●								
15			压膜饼干	2	糖霜饼干	心形模	糖霜					●							●	
16		无奶油无蛋	简易健康	1	清脆优格小饼干	~	优格					●								
17	塔	糖油混拌法	凝乳	1	酸香柠檬塔	6英寸塔模	柠檬						●					●		
18			卡士达	2	满满红豆抹茶塔	9英寸塔模	抹茶						●				●			
19			直接铺馅	3	焦香蜜糖苹果塔	小塔模	焦糖苹果						●					●		
20			杏仁奶油酱	3	春意草莓塔	6英寸塔模	草莓						●	●						
21	派	简易派皮	简单款	1	懒人的综合莓果派	~	综合莓果						●							
22	泡芙	泡芙	小泡芙	1	抹茶珍珠糖泡芙	~	抹茶				●									
23			环形泡芙	3	咖啡环形泡芙	~	咖啡				●			●	●					
24			饼干泡芙	2	巧克力沙布蕾泡芙	~	巧克力				●					●				

Desserts & material List

本书甜点分类及素材查找表

类别				难易度	食谱	模具	口味	面糊、面团						奶酱						
项次	大类	中类	小类					蛋白打发	全蛋打发	奶油打发	泡芙饼皮	饼干面团	塔派面团	打发鲜奶油	卡士达奶油	卡士达鲜奶油	卡士达慕斯琳	其他奶酱	糖霜	凝结剂
25	蛋糕	经典	马林糖	1	小巧玫瑰马林糖	~	原味	●												
26			达克瓦兹	2	榛果巧克力达克瓦兹	~	榛果巧克力	●												
27			克拉芙缇	1	樱桃克拉芙缇	烤皿	樱桃													
28			荷兰松饼	1	高帽子荷兰松饼	铸铁锅	柠檬													
29			泡泡欧芙	2	黑糖泡泡欧芙	马芬模	黑糖													
30			玛德莲	1	都是椰子的玛德莲	玛德莲模	椰子													
31			费南雪	1	闪闪橙皮费南雪	费南雪模	橙皮													
32			布朗尼	2	圣诞树布朗尼	20cm方形模	巧克力													
33			马芬	1	柠檬糖霜马芬	马芬模	柠檬												●	
34			马芬	2	红茶巧克力甘纳许方糕	硅胶模	红茶、甘纳许											●		
35			司康	1	英国佬的优格司康	圆形模	优格													
36			酥粒	1	戒断不了的蓝莓酥粒	6英寸烤皿	蓝莓、黑莓													
37			舒芙蕾	3	不等人的蜂蜜舒芙蕾	烤皿	蜂蜜	●							●					
38		快速	喇喇点心	1	喇喇就好的蛋糕	20cm方形模	柠檬													
39	免烘烤	免烘烤	简易点心	1	莓果手指三明治蛋糕	~	蓝莓							●						
40			提拉米苏	1	提拉米苏玻璃杯	玻璃杯	提拉米苏											●		
41			可丽饼	1	专属猫王的可丽饼	平底锅	花生酱													
42			慕斯	2	低脂蓝莓豆浆慕斯塔	6英寸慕斯圈	蓝莓、豆浆											●		●
43			果冻	1	浪漫樱花可尔必思果冻杯	玻璃杯	可尔必思、樱花													●
44	蛋糕	戚风	甜点杯	1	吸睛度100%的乳脂松糕	玻璃杯	覆盆子							●						
45		磅蛋糕	棒棒蛋糕球	1	巧克力棒棒球	无	巧克力													
46		海绵	三明治	1	榛果巧克力三明治蛋糕	无	榛果巧克力													
47		磅蛋糕	水果串	1	缤纷水果蛋糕串	无	时令水果													
48	泡芙	泡芙	泡芙	1	泡芙布丁盅	烤皿	布丁蛋奶馅											●		
49	奶酱	凝乳	凝乳	1	柳橙凝乳夹心饼干	无	柳橙													
50	酥粒	酥粒	甜点杯	1	马斯卡彭酥粒甜点杯	玻璃杯	马斯卡彭											●		

《抢救烘焙失误：破解烘焙环节，学会基础工序做变化，新手不出错的信心指南》
中文简体字版©2017由河南科学技术出版社发行

豫著许可备字-2017-A-0072

图书在版编目（CIP）数据

抢救烘焙失误：破解烘焙环节，学会基础工序做变化，新手不出错的信心指南/Sweet Betty 西点沙龙 著.—郑州：河南科学技术出版社，2017.8
ISBN 978-7-5349-8871-4

Ⅰ.①抢… Ⅱ.①S… Ⅲ.①烘焙－糕点加工 Ⅳ.①TS213.2

中国版本图书馆CIP数据核字(2017)第183055号

出版发行： 河南科学技术出版社
地址：郑州市经五路66号　邮编：450002
电话：（0371）65737028　65788613
网址：www.hnstp.cn
责任编辑： 冯　英
责任校对： 李晓娅
责任印制： 朱　飞
印　　刷： 北京盛通印刷股份有限公司
经　　销： 全国新华书店
幅面尺寸： 190mm×260mm　**印张：** 15.5　**字数：** 370千字
版　　次： 2017年8月第1版　2017年8月第1次印刷
定　　价： 78.00元

如发现印、装质量问题，影响阅读，请与出版社联系。